河南省混凝土集料的碱活性研究与应用

赵健仓　来　光　张志敏　刘东雨　　　著
孙　刚　安亚杰　张永央

黄河水利出版社
·郑州·

内 容 提 要

混凝土集料的碱活性反应是指集料中的特定成分与混凝土中的碱发生反应,产生膨胀,从而导致混凝土结构发生变形甚至破坏。碱活性反应一般在工程建成后几年或更长的时间内才会被察觉,其修补和重建费用十分昂贵,又被称为混凝土"癌症"。本书依托河南省重大水利工程,在全省多流域、多县市,对多种岩性的混凝土集料采用岩相法、快速砂浆棒法、岩石柱法、混凝土棱柱体法和压蒸法进行了试验研究。在大量研究工作的基础上,提出了对混凝土集料碱活性的三级三步判别方法,第一层级是集料碱活性综合评价系统,第二层级是集料碱活性查询系统;第三层级是试验标准判别流程。

本书可为研究混凝土集料碱活性的相关科研人员提供参考和借鉴,为工程和设计人员提供指导意见。

图书在版编目(CIP)数据

河南省混凝土集料的碱活性研究与应用/赵健仓等著.
郑州:黄河水利出版社,2017.4
ISBN 978 - 7 - 5509 - 1751 - 4

Ⅰ.①河…　Ⅱ.①赵…　Ⅲ.①混凝土 - 骨料 - 研究 - 河南　Ⅳ.①TU528.041

中国版本图书馆 CIP 数据核字(2017)第 083761 号

组稿编辑:谌 莉　　电话:0371-66025355　　E-mail:113792756@ qq.com

出 版 社:黄河水利出版社
　　　　地址:河南省郑州市顺河路黄委会综合楼 14 层　　邮政编码:450003
发行单位:黄河水利出版社
　　　　发行部电话:0371 - 66026940,66020550,66028024,66022620(传真)
　　　　E-mail:hhslcbs@ 126.com
承印单位:河南瑞之光印刷股份有限公司
开本:787 mm ×1 092 mm　1/16
印张:9
字数:208 千字　　　　　　　　　　印数:1—1 000
版次:2017 年 4 月第 1 版　　　　　印次:2017 年 4 月第 1 次印刷

定价:32.00 元

前 言

　　混凝土碱集料(骨料)反应(Alkali Aggregate Reaction,简称 AAR)是指集料中特定内部成分在一定条件下与混凝土中的水泥、外加剂、掺合剂等中的碱物质进一步发生化学反应,导致混凝土结构产生膨胀、开裂甚至破坏的现象,严重时会使混凝土结构崩溃,是影响混凝土耐久性的重要因素之一,如巴西的 Moxoto 坝和法国的 Chambon 坝等混凝土大坝,由于碱集料反应出现毁坏事故,造成对混凝土耐久性的极大破坏,已成为混凝土工程的全球性问题。碱集料反应一般是在混凝土成型后的若干年后才逐渐发生的,贯穿于整个混凝土寿命中,碱集料反应不同于其他混凝土病害,其产生的破坏具有整体性特点,目前尚无有效的阻止和修复方法,被称为混凝土的"癌症"。

　　碱集料反应按原理可分为碱硅酸反应(Alkali Silica Reaction,简称 ASR)和碱碳酸盐反应(Alkali Carbonate Reaction,简称 ACR)。碱硅酸反应是指活性二氧化硅与水泥中的碱发生的膨胀反应。活性二氧化硅包括蛋白石、玉髓、鳞石英、方石英和隐晶、微晶或玻璃质石英。粗晶石英破裂严重或受应力者也可能具有碱活性。活性二氧化硅从结晶化学角度而言,实质上是指晶体内部缺陷多的石英。碱碳酸盐反应主要是脱(去)白云石反应,即某些特定的微晶白云石和氢氧化钠($NaOH$)、氢氧化钾(KOH)等碱类反应生成氢氧化镁[$Mg(OH)_2$]和碳酸盐等。这些生成物和水泥水化产物氢氧化钙[$Ca(OH)_2$]又起反应,重新生成碱,使脱(去)白云石反应继续下去,直到白云石被完全作用完,或碱的浓度被继续发生的反应降至足够低。

　　混凝土一旦发生碱集料反应破坏,通常会表现出碱集料反应的特征,在外观上主要是表面有裂缝、变形和渗出物;内部特征主要是有内部凝胶、反应环、活性集料、碱含量等。碱硅酸反应机制有两种理论:渗透压理论和吸水肿胀理论。碱碳酸盐反应机制也主要有两种理论:一种是复杂的水化复盐产物学说和结晶压学说的直接反应机制,另一种是以 Gillott 的吸水肿胀学说和 Hadley 的渗透压学说为代表的间接反应机制。

　　影响碱集料反应的因素主要有混凝土中的碱含量、水以及活性集料,其中混凝土中的碱主要来源于水泥,其次是外加剂中的碱和集料中析出的碱。除以上三个因素外,集料的粒径对碱集料反应也有影响。集料碱活性的判定方法主要有岩相法、化学法和测长法(砂浆棒法、快速砂浆棒法、混凝土棱柱体法、岩石柱法、碱碳酸盐集料快速初选法等)。其中,岩相法主要作为初判的依据,化学法因误差太大,多不进行这方面的试验,测长法是对集料碱活性判定的主要依据。

　　本书绪论主要介绍了国内外碱集料反应案例的危害性及研究状况,由赵健仓、来光编写。第1章是对碱集料反应的综述,介绍了碱集料反应的研究历史与现状、碱集料反应的特征及机制,影响碱集料反应的因素,由赵健仓、来光编写;第2章介绍了碱集料反应的试验方法,由赵健仓、来光、刘东雨编写;第3章介绍了河南省天然砂砾料的碱活性,由张志敏、孙刚、安亚杰、张永央编写;第4章介绍了灰岩集料、石英砂岩集料和火山岩集料、变质岩集料的碱活性,由张志敏、孙刚、安亚杰、张永央编写;第 5 章介绍了对天然砂砾料碱活性的抑制性试验,由来光、刘东雨、安亚杰、张永央编写;第 6 章是对河南省混凝土碱活性集料分类与分布及碱活性集料查询系统的介绍,由赵健仓、来光、张志敏、孙刚编写。

在课题研究过程中,得到了司富安、钟国璋及张建国等专家学者的指导和帮助。感谢陈全礼、李永新、童文铎、王世锋、陈振全、杨继东、秦红军等课题组人员对本书的贡献。

由于编者水平所限,书中不足之处在所难免,恳请读者不吝指教。

作　者

2016 年 12 月

目 录

绪　论

在现代社会中,混凝土已经成为工程建设中用量最多的建筑材料,构成了人类社会生活、文化生活最重要的基础之一。房屋、桥梁、公路、机场、港口、大坝、隧道、地下工程、海洋工程等建设项目中,都离不开混凝土。我们期望混凝土长时间地保持其强度,然而实际中发现混凝土在各种因素的影响下会发生破坏。目前,人们已经了解到的影响混凝土耐久性的主要因素包括以下几类:①混凝土的碳化;②钢筋的锈蚀;③碱集料反应;④冻融破坏;⑤化学侵蚀;⑥混凝土的表面磨损。其中,碱集料反应是导致混凝土结构耐久性下降的重要原因之一。混凝土一旦产生碱集料反应,其反应产物就会吸附混凝土孔隙内的水而膨胀,使混凝土产生内部应力而开裂。由于集料在混凝土中的分布大致均匀,混凝土内部各处均产生膨胀应力,导致混凝土开裂。此时,裂缝不仅破坏混凝土结构的完整性,还会加剧其他的劣化反应,如钢筋锈蚀、冻融破坏、盐蚀、碳化、冲击、磨损、疲劳等,使混凝土耐久性快速下降,最终失去使用寿命。碱集料反应一旦发生就很难阻止,被称为混凝土的"癌症"。

美国首次发现的碱集料反应破坏事例是加利福尼亚州 Bradley 的路面。事实上在这之前,1920 年已有桥梁、海堤及各种建筑物因碱集料反应而遭受破坏,但因为可造成混凝土破坏的原因很多,当时并未认识到这是由碱集料反应引起的。到 1940 年,美国 Stanton 首先提出碱集料反应问题。此后,加拿大、巴西、英国、澳大利亚、印度等国家均发现了碱集料反应破坏的事例,这才引起了世界各国的重视。由于碱集料反应引起的破坏,不仅一次修补和加固需要巨大的资金投入,而且几年之后,建筑物还会继续发生破坏,有的甚至不得不拆除重建。

国外 20 世纪 30 年代修建的大坝,经过多半个世纪的正常运转,有些突然发生膨胀开裂,面临毁坏,如美国的 Fontana 坝、加拿大的 Beauharnois 坝、法国的 Chambon 坝和巴西的 Moxoto 坝等。这些大坝建筑物拖着病害的身躯,连年整治、维修,耗费了大量的人力、物力和财力,却仍旧不能正常运转。

较早的由碱集料反应引起的水利工程破坏实例有美国的派克坝(Parker Dam)。该坝是一座混凝土拱坝,高 98 m,于 1938 年建成。1940 年,发现大坝出现严重裂缝,后经大量研究证实,破坏是混凝土采用了安山岩等具有碱活性的砂石集料和碱含量较高的硅酸盐水泥造成的。

美国科罗拉多州的 Charlston 干坞港口工程,混凝土集料为石英岩,服役 25 ~ 30 年后出现碱集料反应破坏。Fontana 坝和 Hiwassee 坝混凝土集料为石英岩,于 1940 年建成,服役 20 年后出现碱集料反应破坏。佐治亚州 14 座公路桥和几座船闸和坝,建于 1937 ~ 1948 年,混凝土集料为花岗质片麻岩,使用 25 ~ 40 年后,出现碱集料反应破坏。

加拿大魁北克省圣劳伦斯河上的 Beauharnois 水电站,从 1928 年始建设,逐步增加机组直到 1960 年全部建成。1940 年发现该电站南部坝体因出现裂缝而渗漏,其后进水系统和办公大楼均产生位移并发现裂缝,北部坝体平均每年向北移动 117 mm,进水系统每年向下游移动 1.9 mm,从而导致升降机井附近的瓷砖开裂。大多数位移发生在坝体与北部和南部围墙的连接处。1972 年,圣劳伦斯航运管理局又发现在 Beauharnois 上游数英里处的两座吊桥因碱集料反应而严重开裂和变形。

　　Mactaquac 水电站位于加拿大东部 Saint John 流域。1977 年,发现电站机组产生位移,1979 年后对此开展了大量的研究,当时主要怀疑是由不均匀沉降、水压力、混凝土自身体积变形和岩石挤压等引起的。直到 1982 年,经过众多国际专家的共同研究,最后才确认是混凝土碱集料反应造成的。电站混凝土集料来源于原坝址厂房引水渠开挖的硬砂岩,水泥碱含量 0.72%,当时用美国 ASTM 和加拿大 CSA 标准试验方法测试,集料为非活性❶的。但是现场测试结果是每年膨胀 0.012% ~ 0.015%,经过约 40 年的运行,电站进水口长高约 18 cm。该电站是目前世界上因碱集料反应产生膨胀变形最大的电站。目前采取的措施是用钢丝锯将厂房坝段切割成 6 段,每 3 年切割一次;将电站厂房 6 台机组切割成独立单元,每 7 年切割一次。1982 ~ 2007 年用于维护因碱集料反应造成的破坏的费用共计 12 亿加元。

　　法国的 Chambon 坝,始建于 1931 年,于 1935 年建成。所用的集料为片麻岩,矿物成分为长石、石英、黑云母等,水泥碱含量为 0.59%。大坝建成运行 50 年左右出现膨胀,持续 10 年后膨胀开始加剧,导致泄洪闸门启闭受阻,大坝渗漏加剧,坝体出现畸形变形,上部向上游方向倾斜了 15 cm,沿大坝高度总膨胀量超过 10 cm。

　　西班牙的 San Estaban 坝为重力拱坝,于 1955 年建成,仪器记录发现,坝体逐年向库区偏左岸位移。1986 年,对混凝土芯样进行检查,证明膨胀开裂为碱集料反应所致。1987 年,对拱坝上游进行了防渗处理补强。

　　巴西的 Moxoto 坝是一座堆石坝,建于 1972 ~ 1977 年。混凝土集料由黑云母角闪石、片麻岩、闪云斜长花岗岩等岩石制成,水泥碱含量为 1.0%,未掺掺合料。该坝混凝土自 1980 年相继发现裂缝,1984 ~ 1990 年的变形率为 0.006 8%,厂房 10 m 厚混凝土块年膨胀 0.7 mm。膨胀导致发电机组转子歪斜,机组不能运转。对混凝土钻取芯样进行分析检测,几乎所有试样都能观察到深暗色的反应环和数量不等的碱硅凝胶产物,表明产生了碱集料反应。

　　南非开普敦码头的一个建筑物,建于 1959 年。1991 年发现桩帽和桩的地下部分因碱集料反应而开裂。1985 年,发现赛申至萨尔达尼亚线上的轨枕开裂。该轨枕是 1973 ~ 1976 年铺设的。后来的研究证明是由碱集料反应引起的。1981 年,对开普敦地区的集料进行了鉴定。共鉴定了 27 种集料,仅 3 种花岗岩和 1 种石灰岩无活性,其他硬砂岩、白云石质硬砂岩、石英岩、石英砂岩和变质火山凝灰岩等均有活性。

　　英国自 1975 年发现首例因碱集料反应破坏的建筑物事例后,迄今的调查统计结果表明,已有数百座建筑物遭受不同程度的碱集料反应而导致破坏。英国西南部普利茅斯城郊 A38 公路老沼泽磨坊天桥(Old Marsh Mills Viaduct),建于 1969 ~ 1970 年。由于桥基在沼泽中,故由直径 1.2 m 的混凝土桩支撑。桩埋入地下 30 m 直到沼泽下的岩层。桩顶部

---

　　❶　非活性指非碱活性,活性指碱活性。下同。

桩帽为 4 m×8 m×1.5 m T 形钢筋混凝土柱支撑梁板,10 年后发现裂缝扩展。1980 年全面观察研究,确认为碱集料反应造成的破坏。桩及桩帽破坏最严重,裂缝宽达 20 mm,而且出现剥落。柱、横梁和盖板也遭受碱集料反应破坏。但上承梁使用的是非活性集料,却是完好的。该桥所用水泥碱含量高达 1.10% ~1.14%,水泥用量为 300 ~400 kg/m³。混凝土碱含量达 3.5 ~5.6 kg/m³,粗集料为石灰岩,细集料为含有碱活性燧石的海砂。岩相鉴定证明,开裂是由碱集料反应引起的。在 20 世纪 80 年代末,有 8 根 30 m 长的盖板梁由于破坏严重被拆换下来,并放置于露天进行长期观测和载荷试验,结果表明裂缝继续发展,钻取的混凝土岩芯继续膨胀,膨胀率达 0.01% ~0.015%。

1925 年德国建成的冲砂道水闸,水泥用量为 405 kg/m³,虽然火山灰质掺合料掺量高达 33%,但还发生了碱集料反应破坏。其原因是凝灰岩碱含量高,致使混凝土碱含量高达 9.3 kg/m³。

丹麦混凝土委员会经调查认为,丹麦的混凝土建筑物,建成后 1 ~10 年均有不同程度的碱集料反应破坏。

新西兰对全国的桥梁进行了详细的调查研究,共考察了 420 座桥梁,其中 100 多座桥可能存在碱集料反应破坏问题。

国内方面,半个多世纪以来,中国建设了许多高混凝土坝,在这些工程中是否存在碱集料反应破坏,一直为人们所关注。20 世纪 80 年代中期,中国水利水电科学研究院等单位对全国已建的 32 座混凝土高坝和 40 余座水闸的混凝土耐久性和老化病害状态进行了调查,没有发现由于碱集料反应引起工程破坏的实例。分析其原因,主要是中国对水工混凝土碱集料反应问题比较重视。

中国水利水电工程吸取了美国派克大坝等许多土建工程因碱集料反应毁坏和重建的教训。1953 年建设第一个大型水利工程安徽佛子岭水库时,曾在美国 Stanton 实验室参观过的我国已故吴中伟院士就建议预防碱集料反应,引进了当时 ASTM 对集料碱活性检验的方法(化学法和砂浆长度法)。1962 年,原水利电力部颁发的《水工混凝土试验规程》中,列入了化学法和砂浆长度法两种集料碱活性检验方法。1982 年修订的《水工混凝土试验规程》中,又补充了集料碱活性检验的岩相法、碳酸盐集料的碱活性检验方法以及抑制集料碱活性试验方法。2001 年修订的《水工混凝土试验规程》中,又补充了集料碱活性检验的砂浆棒快速法和混凝土棱柱体法。1958 年,长江科学院在研究三峡用风化砂作为混凝土集料时设立了碱集料反应专题,并开始组织人员进行研究。1963 年,在中国硅酸盐学会的提议下,由长江科学院和湖北省水利学会联合召开了我国第一次"混凝土中碱集料反应学术会议"。可见,碱集料反应问题在水工混凝土工程中一直得到重视。

此外,我国自 20 世纪 50 年代起就生产掺大量混合材料的水泥,六七十年代大量生产使用的矿渣 400 号水泥,其中矿渣含量高达 60% ~70%,水泥熟料仅占约 30%,即使产量比例不大的普通硅酸盐水泥也掺有 10% ~15% 的混合材料,这就可以起到缓解与抑制碱集料反应的作用,因而在 80 年代以前,我国一般土建工程尚未见有碱集料反应对工程损害的报道。但是,自 20 世纪 70 年代以来,我国水泥工业逐渐由湿法生产改为干法生产,水泥的碱含量较高。特别是自 20 世纪 80 年代后期起,为利用工业废料和节约能源,将回收的高碱窑灰掺入水泥中,使水泥碱含量大大增加。特别是在黄河以北,由于黏土(有时是石灰岩)碱含量高,致使北方地区水泥碱含量多在 0.8% 以上。而且,在 20 世纪 70 ~ 80 年代,为了加速施工和便于冬季施工,常采用 $NaNO_2$ 和 Na_2SO_4 作为防冻剂和早强剂,前者掺量可达水泥质量的 5%,后者掺量可达水泥质量的 3%。因此,当采用高碱水泥时,混凝土中的总碱量可达 15 ~ 20 kg/m³,远远高于混凝土安全碱含量(3 kg/m³)的限值。这时,如果使用的集料具有碱活性,就会给工程带来产生碱集料反应的隐患。

吉林丰满水电站大坝为混凝土重力坝,最大坝高 91 m,混凝土总量 210 万 m³,电站装机容量 55.73 万 kW,是我国建设较早的 1 座大型混凝土坝,至今已有 50 多年。外部观测结果表明坝顶垂直位移出现逐年升高的现象,局部坝段较为明显。为分析原因,从 1981 年开始,长江科学院进行了大坝混凝土中的碱集料反应试验分析。大坝混凝土采用的粗集料中含有较多的活性 SiO_2,主要存在于流纹岩、安山岩、凝灰岩、闪长岩等岩石中,这些岩石的集料在料场中占 14% ~ 35%。水泥主要由当时的大同洋灰公司(现吉林松江水泥厂)生产,碱含量经实测高达 0.95% ~ 1.57%。因此,混凝土存在有碱集料反应的实际条件。化学法检测结果说明,安山岩等 4 种集料均属非活性集料,混合集料的砂浆长度法试验结果表明,在水泥碱含量为 0.88% ~ 1.5% 的情况下,砂浆长度法试验 180 d 龄期乃至一年龄期的膨胀率均小于 0.1%。为进一步论证大坝混凝土的实际情况,又进行了坝体混凝土芯样检测,发现集料与砂浆结合处已产生了碱集料反应,砂浆颜色由一般的灰白色变成棕黑色,出现了 0.5 ~ 2 mm 宽的碱集料反应环,用化学法和电镜法分析反应产物,结果证明为硅酸钠。对芯样的薄片鉴定发现,与集料接触的砂浆中产生了细微裂缝。由此说明,在丰满水电站大坝中确实存在微量的碱集料反应。但经过 40 年运行,尚未在混凝土中发现有明显的碱集料反应的充分依据。

河北大黑汀水库大坝混凝土采用深河滩的天然砂石料。这些集料中含有流纹岩、安山岩、凝灰岩等活性 SiO_2 成分,经砂浆长度法检验,半年或一年膨胀率均小于 0.10%,不属于活性集料。但为了保证大坝工程安全,大坝混凝土施工中采用了抚顺水泥厂生产的低碱水泥(含碱量小于 0.6%),同时大黑汀水库大坝混凝土施工中还掺用了粉煤灰(唐山电厂温排粉煤灰)。运行 25 年后,大坝溢流面普遍出现裂缝、剥落、脱空等现象。经全面检测发现,混凝土中存在有碱集料反应环和反应产物,并形成微观裂缝与宏观裂缝的连接。大坝溢流面混凝土的破坏是冻融和碱集料反应的共同作用。同时说明,采用的砂浆长度法对缓慢的有潜在活性的集料的检测有一定的局限性。

湖南拓溪水电站大坝混凝土施工中采用的粗集料中含有 9.1% 的燧石。经试验确认,燧石为活性集料,遇高碱水泥反应时将产生较大的体积膨胀。但迄今为止,拓溪水电站大坝混凝土中没有发现碱集料反应破坏的迹象。其原因可能是大坝采用的水泥大部分是 300 ~ 400 号的混合水泥和矿渣水泥,水泥本身就含大量的活性混合材料,加之施工时还掺用了 10% ~ 25% 的烧黏土,因此混凝土中真正的水泥熟料较少。这些混合材料的使用,不仅相对降低了水泥中的含碱量,同时能起到抑制碱活性集料反应的作用。因此目前,大坝混凝土中没有发生碱集料反应破坏。

我国在 1990 年后相继发现了立交桥、机场、大型预应力混凝土铁路、桥梁和轨枕、工业和民用建筑因碱集料反应破坏的情况。

山东潍坊机场建于 1984 年,混凝土的碱含量约 3.9 kg/m³。20 世纪 90 年代初调查,开裂的跑道达 33.3%。实验室鉴定证明,该机场混凝土主要为碱碳酸盐反应引起的破坏。所取 200 mm × 400 mm 的混凝土芯样检测结果表明,从表面至底部全部开裂,部分裂缝穿过集料。

北京三元立交桥建成于 1984 年。混凝土水泥用量为 300 ~ 400 kg/m³,使用北京地区具有碱活性的砾石,粒径为 5 ~ 20 mm。各部位使用的水泥和配合比不同,在冬季施工时曾掺入 5% 的 $NaNO_2$ 和 3% 的 Na_2SO_4(以水泥质量计)作为防冻剂及早强剂,致使部分混凝土的碱含量高达 15 kg/m³。该桥建成 5 ~ 6 年后已发现裂缝,其后继续发展。特别是盖梁及桥台开裂严重,裂缝宽度最大已达 14 mm。在漏水部位的破坏明显有冰冻、化冰盐、钢筋锈蚀和碱集料反应等的协同作用,为此不得不采取措施将桥墩扩大以支撑开裂严重的悬臂盖梁。

以上工程事例表明,碱集料反应正发展成为全球性的混凝土工程病害之一,严重威胁混凝土建筑物的安全,引起了世界各国的高度重视。1974 ~ 2004 年,共召开过国际碱集料反应学术会议 12 次。1992 年、1995 年还分别在加拿大、美国召开第一届、第二届水电站、大坝中的碱集料反应国际会议。2004 年在中国召开第 12 届国际碱集料反应学术会议,其他如国际大坝会议、国际水泥化学会议等均设专题讨论。国际学术界如此重视碱集料反应的原因就在于碱集料反应一经发生,就很难根治,即使修复,付出的经济代价也是巨大的,这足以说明解决碱集料反应这一问题的迫切性和重要性。吸取其他国家有关碱集料反应的经验教训,对我国日益发展的大型工程建设具有重要参考价值。

本书依托河南省重大水利工程项目小浪底水库、燕山水库、前坪水库、出山店水库、南水北调中线工程等项目,在全省 74 个地点的 103 个取样点取样 530 组,委托国家建筑材料工业地质工程勘查研究院测试中心、中国水利水电科学研究院工程检测中心、黄河勘测规划设计有限公司实验中心进行试验,次数达 996 次,时间跨度从 2004 年至 2016 年,涉及河南境内淇河、卫河、黄河、沙颍河、淮河等流域。在这些试验资料的基础上,对河南省内碱集料的分布和分类进行整理,建立了河南省碱活性集料分布图和分类图。对现有资料建立了数据库,在数据库的基础上开发了查询软件,明确了河南省集料碱活性的分布情况,有助于重点工程混凝土用集料的初步优选,并解决碱集料反应的预防问题。

第1章 碱集料反应综述

1.1 研究历史与现状

1920年,最早发现碱集料反应引起混凝土结构破坏的是在美国的加利福尼亚州的王成桥桥墩顶部,建成后的第三年就发生开裂,1924年所有桥墩顶部都发生了开裂,此后至20世纪30年代在加利福尼亚州又陆续发现许多类似裂缝,如学校建筑物、海岸和公路路面等结构工程。专家们提出了许多产生裂缝的原因,但均不能对为什么开裂出现在施工数年以后,而且开裂仍在继续发展做出科学的、令人信服的解释。直到1940年2月,加利福尼亚州公路局的Stanton通过大量研究,并根据砂浆棒膨胀数据,首次提出含碱量高的水泥与页岩和燧石混合集料反应使混凝土发生过量的膨胀。经进一步研究,水泥中的碱和页岩中能与碱反应的硅酸物质——蛋白石发生反应生成碱硅凝胶,吸水膨胀导致混凝土受到膨胀压力而开裂,这就是最早发现的一种碱集料反应,他将这种反应类型命名为碱硅(酸)反应。

1955年,加拿大金斯敦城人行路面发生大面积开裂,怀疑是碱集料反应,用美国ASTM标准的砂浆棒法和化学法试验,属于非活性集料。后经研究,斯文森于1957年提出一种与碱硅酸反应不同的碱集料反应——碱碳酸盐反应。

一般的碳酸岩、石灰石和白云石是非活性的,只有像加拿大金斯敦城这种泥质石灰质白云石,才发生碱碳酸盐反应。

碱碳酸盐反应的机制与碱硅酸反应完全不同,在泥质石灰质白云石中含黏土和方解石较多,碱与这种碳酸钙镁反应时,将其中白云石($MgCO_3$)转化为水镁石[$Mg(OH)_2$],水镁石晶体排列的压力和黏土吸水膨胀,引起混凝土内部应力,导致混凝土开裂。碱碳酸盐反应在斯文森提出后,在美国的印第安纳、弗吉尼亚、内华达等州和其他国家也发现有这种类型的反应,近几年在我国的山东省和山西省也发现有过这种类型的反应。

1965年,基洛特对加拿大的诺发·斯科提亚地区的混凝土膨胀开裂进行研究发现:

(1)形成的膨胀岩石属于黏土质岩、千枚岩等层状硅酸盐矿物;

(2)膨胀过程较碱硅酸反应缓慢得多;

(3)能形成反应环的颗粒非常少;

(4)与膨胀量相比析出的碱硅胶过少。

进一步研究发现,诺发·斯科提亚地区的碱性膨胀岩中,蛭石类矿物的基面间沉积物是可浸出的,在沉积物被浸出后吸水,使基面间距由10 A°增大到12 A°,致使体积膨胀,引起混凝土内部膨胀应力,因此认为这类碱集料反应与传统的碱硅酸反应不同,并命名为碱硅酸盐反应(Alkali Silicate Reaction)。对此,国际学术界有争论。我国学者唐明述对此也进行研究,他从全国各地收集了上百种矿物及岩石样品,从矿物和岩石学角度详细研究了其碱活性程度。研究表明,所有层状结构的硅酸盐矿物如叶蜡石、蛇纹岩、伊利石、绿泥石、云母、滑石、高岭石、蛭石等均不具碱活性,有少数发生碱膨胀的,经仔细研究,其中均含有玉髓、微晶石英等含活性氧化硅的氧化硅矿物,从而证明这仍属于碱硅酸反应。这一结论与基洛特起初发现的四个特点并不矛盾。这个研究报告在第 8 届国际碱集料反应学术会议上发表后,得到许多知名学者的赞同。

从 1974 年起,国际上开始了碱集料反应学术交流,对各国工程问题、检测方法、机制研究方面的情况进行研讨。由于碱集料反应对混凝土耐久性的危害极大,故已成为全球性问题。1992 年,在伦敦召开的第九届国际混凝土碱集料反应会议和同年在新德里召开的国际水泥化学会议,把水泥混凝土耐久性列为重要议题,从而把碱集料反应的研究推向了一个新阶段。

1.1.1 美国

美国是混凝土碱集料反应发源之地,自 20 世纪 30 年代发现首例 ASR 破坏事例以来,ASR 破坏案例几乎遍及所有州。ACR 案例仅在 5 个州发现,远没有 ASR 普遍,但随着碳酸盐集料的开发,破坏案例有增长之势。美国遭受 AAR 破坏的混凝土结构类型多种多样,包括大坝、桥梁、机场、道路以及各种海工构筑物,其中交通设施和机场路面尤为严重,为仅次于钢筋锈蚀的第二大混凝土病害。机场路面由于使用新型化冰盐(醋酸钾和醋酸钠)导致的 AAR 破坏是近年来出现的突出问题。据报道,美国有 30 家军用机场因使用化冰盐而导致严重 AAR 破坏。此外,AAR 与二次钙矾石(DEF)的共存及相互作用也是美国近年来 AAR 研究的热点。

过去 30 年,美国曾分别通过不同研究计划持续资助开展 ASR 研究并取得很大进展。20 世纪 80 ~ 90 年代,通过高速公路战略规划项目(Strategic Highway Research Programor,简称 SHRP)开展了 ASR 膨胀机制、快速检测方法和预防措施研究,完善了南非快速砂浆棒法并将其标准化(ASTM C1260),研究了锂盐以及受限条件下的 ASR 膨胀规律。1990年,通过 AASHTO(American Association of State Highway and Transportation Officials – lead states team)计划开展集料碱活性检测方法的实验室联合验证和推动技术转化。2000 年,启动 Federal Highway Administration(FHWA)Lithium Technology Research Program 研究制定锂盐防治 ASR 标准。2005 年,美国国会签署高速公路交通安全法案,斥资 1 000 万美元进行预防和减轻 ASR 专项研究计划(Project sand programs related of urthering the development and deployment of techniques to prevent and mitigate ASR),围绕破坏产物和机制、制定规范和培训相关人员更好利用现有技术预防和减轻 AAR 破坏等课题开展研究。该项目也是美国迄今为止针对 AAR 研究的最大资助项目。

困扰美国科学与工程界以及管理部门的问题是:为什么经过近 70 年的研究,美国和国际 AAR 研究在多个方面均取得重要进展的同时,新破坏案例仍在 AAR 发源地美国不断发生,甚至有些桥梁还没投入使用(在建设期)就发生 AAR 开裂破坏。除一些客观原因外,如近年来为追求快速施工导致的混凝土水泥用量增加、过去 20 年来水泥碱含量提高和一些地区非活性集料资源的枯竭等,美国各州 AAR 标准的混乱、一些地区相关工程师对 AAR 及其检测、预防知识的缺乏也是重要原因。因此,在新的高速公路交通安全法案中,不仅将 AAR 视为一个混凝土耐久性问题,而且上升到交通安全的高度,并在其中设专项进行国家级的标准制定和培训相关人员掌握现有预防 AAR 技术。

1.1.2　德国

由于新型化冰盐醋酸钾(钠)的使用导致路面和机场破坏严重。与美国类似,外部碱源在德国同样是主要问题。据统计,德国有 10% 的高速路面遭受 ASR 破坏。此外,新的活性岩石类型也相继被发现。活性岩石种类初期主要为燧石和蛋白石质石灰石(opaline lime stone),近年来,杂砂岩、流纹岩、莱茵河流域砾石等活性岩石相继被发现。

AAR 标准方面,由于长期使用的化学法(ASTM C289)不能正确评定德国某些有害集料的碱活性,德国和其他遭受 AAR 破坏严重的国家一样围绕快速砂浆棒法和混凝土棱柱体法开展了大量研究工作,并积极参与欧洲的 PARTNER 合作项目,发展可靠、快速的集料碱活性检测方法和混凝土 AAR 性能检测方法。1997 年,德国结构混凝土协会颁布标准,首次将混凝土棱柱体法列入标准(并于 2001 年和 2007 年两次修订)。目前,德国推荐两种快速砂浆棒法和混凝土棱柱体法。其中一种快速砂浆棒法类似于 RILEMAAR – 2,另一种是德国快速砂浆棒法。德国快速砂浆棒法主要是养护方式与传统快速砂浆棒法不同,采用水上 70 ℃养护 21 d,膨胀限值为 0.2% ;基于该快速砂浆棒法的替代方法是在 20 ℃测量,采用养护 28 d,膨胀限值 0.15% 作为判据。但有研究结果表明,两种德国快速砂浆棒法对同种集料给出不同结果的情况占 30% 。

如前所述,德国学者近年来除积极参加欧洲的合作项目,发展可靠的集料碱活性检测和实际混凝土 AAR 性能检测方法外,随着杂砂岩等活性岩石在德国的发现,德国学者围绕杂砂岩活性的可靠判定开展了大量工作,在锂盐抑制 AAR 方面也开展了研究。

1.1.3　加拿大

1953 年,在加拿大发现了第一例碱集料反应造成混凝土工程破坏事例,即蒙特利尔的桥梁因碱集料反应而破坏。20 世纪 70 年代后发现破坏事例越来越多。由此,该国对水泥含碱量采取了严格的控制措施,例如,加拿大铁路局甚至规定,无论是否使用活性集料,铁路混凝土一律使用含碱量低于 0.6% 的水泥。

1.1.4　日本

和法国、英国等发达国家类似,日本在新建混凝土中已基本避免了 AAR 危害。近年来其主要工作是对遭受破坏结构的维护和修复。日本突出的问题是近年来报道的桥梁结构混凝土因为 AAR 而导致钢筋的脆性断裂问题。日本土木工程学会于 2005 年 8 月成立专门工作组研究因 AAR 导致的钢筋脆性断裂与混凝土结构的修复和维护。另外,集料中碱溶出及海水、化冰盐等外部碱源对 AAR 的影响也持续受到关注。

1.1.5　巴西

2004 年以前,巴西只有大坝和桥梁遭受 AAR 破坏的报道,但 2005 年以来,在一些地区,特别是巴西东北部港口城市雷西腓(伯尔南布科州首府),新发现大量建筑物基础因

AAR 而开裂。此前该地区没有开展任何有关集料碱活性的研究,2004 年底,对服役 3～21 年不等的商用和民用建筑物调查发现,大批建筑物基础发生从结构设计角度无法解释的开裂。一些裂缝宽度达 25 mm。现场调查和实验室研究证实,这些建筑物基础混凝土发生了严重的 AAR,涉及的活性集料种类有变质碎裂片麻岩、变质糜棱岩、变质碎裂岩和花岗斑岩,主要的活性组分为微晶质石英、应变石英和重结晶石英。由于 AAR 在巴西雷西腓地区破坏严重,且该问题涉及一系列官司赔偿和居民安抚,该地区所有人都在研究 AAR,包括学者、律师、政府官员和居民,AAR 在该地区不仅是科学研究问题,也是社会问题。

巴西迅速采取措施加强 AAR 研究,如与 AAR 研究较多的加拿大、美国和欧洲科学家进行广泛合作(召开学术研讨会并建立联合实验室)、研究制定国家标准、某些地区规定能源销售额的 1% 用于资助 AAR 的研究和预防等。在制定标准方面,巴西主要是基于 RILEM 和加拿大国家标准 CSA 或 ASTM,但同时参照本国的研究经验,而非照搬已有标准。如对快速砂浆棒法,经过 300 多组(种)巴西集料的检测,现有判据(养护 16 d 膨胀 0.1%)不能正确判定巴西集料的碱活性,但采用养护 30 d 膨胀 0.19% 则可以正确判定集料在混凝土中的膨胀行为。同时,为满足工程快速决策要求,研究了 80 ℃养护条件下的快速混凝土棱柱体法。

1.1.6 英国

英国首先发现碱集料反应破坏是 20 世纪 70 年代在英格兰的变电站和停车场,随后发现了众多的建筑物遭受了碱集料反应破坏,因此英国下决心采取措施预防碱集料反应:降低水泥的碱含量,至今英国水泥碱含量最高值为 0.9%,而且 0.6% 以下者占 90%。

1.1.7 中国

我国水利工程从 20 世纪 50 年代起就吸取了美国派克大坝等许多土建工程因碱集料反应破坏而拆除重建的教训,明确规定凡较大水利工程开采集料时都要求进行活性检验及专家论证,并采取掺大量混合材料的水泥以及在现场掺混合材料等措施。这些规定至今仍在水利工程有关规范、标准中沿用。因此,我国自 20 世纪 50 年代以来建设的许多大型水利工程,未出现过碱集料反应对工程的损害。

另外,我国自 1950 年起就生产掺大量混合材料的水泥,例如 20 世纪六七十年代大量生产使用有矿渣 400 号水泥,其中矿渣含量高达 60%～70%,水泥熟料仅占约 30%,即使产量比例不大的普通硅酸盐水泥也掺有 10%～15% 的混合材料,这样就可以起互通有无,缓解与抑制碱集料反应的作用,因而在 80 年代以前,我国一般土建工程尚未见有碱集料反应对工程损害的报道。

正因为如此,我国一般土建工程的设计和施工人员对碱集料反应问题比较生疏,即使某工程发生碱集料反应特征的开裂缝,也往往认为是养护不好、干缩裂缝、过早加载和水泥后期安定性不好等常见问题所造成的,即使有的工程损害严重被迫拆除,也不一定认为是碱集料反应造成的。

自从 1970 年后国际能源危机以来,水泥工业逐渐由湿法生产改为干法生产,我国

1990年前国营大中型水泥厂陆续都已改为干法生产,使水泥含碱量增加;特别是在20世纪80年代后期,作为利用工业废料和节能措施,将高碱窑灰掺入水泥中作为一项先进措施在全国推广,使我国国产水泥含碱量大大增加,1984年又制定不掺混合材料的纯硅酸盐水泥标准,这种纯硅酸盐水泥到1989年产量已超过100万t。用这种水泥如果集料活性不作检测,就为许多工程带来在建成若干年后发生碱集料反应损害的隐患。据悉,我国某些地区如冀东、大同、琉璃河、郑州等地厂家水泥熟料含碱量均较高,为1%左右,有的还超过1.3%。更值得注意的是,我国自20世纪70年代后期以来即以硫酸钠作为水泥混凝土早强剂,而防冰剂则多采用硝酸钠、亚硝酸钠、碳酸钾等,这些盐类中的可溶性钾、钠离子将大大增加混凝土的总碱量,增加碱集料反应对工程损害的潜在危害。

据了解,我国某机场混凝土跑道已发现碱集料反应开裂,某大型城市公路立交桥建成刚5年,其潮湿部位开裂已经取样证实为碱集料反应造成。由于近几年来我国水泥外加剂等情况的发展变化,混凝土碱集料反应问题已构成我国土建工程的一大潜在危害,希望我国的建筑、市政、交通等有关混凝土工程的设计、施工工程技术人员对此问题给予应有的重视,采取可能做到的各种措施,预防碱集料反应对工程的损害。

鉴于碱集料反应破坏的严重性,近年来国内外工程技术人员对碱集料反应和集料碱活性问题都给予了高度重视。20世纪80年代末,我国也重视此项研究,1993年和1994年,建设部和交通部先后提出了有关集料碱活性检测方法;1999年和2000年,北京和天津建委相继提出预防混凝土工程碱活性集料反应技术管理规定;2000年,水利部在重新修订的《水利水电工程天然建筑材料勘察规程》中也开始明确了有关集料碱活性检测和预防。目前碱集料反应的机制、检测及预防措施等研究工作还在深入,认识还在统一,随着集料碱活性检测和预防措施的逐步成熟,水利工程耐久性也会得到极大提高。

近年来在唐明述院士的呼吁下,研究单位和工程部门开始重视混凝土碱集料反应的预防。南京化工大学和中国建筑材料科学研究院等单位对判定集料活性的试验检验方法进行了系统的研究,提出了新的硅质集料碱活性快速试验方法、碳酸盐集料碱活性检测方法、碱集料反应工程破坏检测方法。该研究填补了多项国内外空白,提出的快速检测集料碱活性的方法在欧盟国家和加拿大先后进行了验证,得到了令人满意的结果,引起了极大的反响。

在关注集料碱活性检测方法研究的同时,我国科研人员还研制开发了一系列抑制碱集料反应发生的新材料,如低碱、无氯、低掺量的液体早强剂和防冻剂、含碱量很低的硫铝酸盐或铁铝酸盐水泥、各种工业废渣制成的碱集料反应抑制剂等。非常有意义的一点是研究发现硫铝酸盐与铁铝酸盐水泥在试验周期内能够有效地抑制高活性白云质灰岩的碱碳酸盐反应膨胀,大大延缓碱碳酸盐反应的进行,为国际上尚未解决的碱碳酸盐反应破坏提出了一条切实可行的防治措施。

1.2 碱集料反应特征及机制

1.2.1 碱集料反应特征

混凝土发生碱集料反应破坏,就会表现出碱集料反应的特征,在外观上主要是表面裂缝、变形和渗出物质;内部特征主要有内部凝胶、反应环、活性集料、碱含量等。工程发生碱集料反应出现裂纹后,加速混凝土的其他破坏,如加速空气、水、二氧化碳等的侵入。这会使混凝土碳化速度加快,当钢筋周边的混凝土碳化后,则将引起钢筋锈蚀,而钢筋锈蚀体积膨胀约 3 倍,又会使裂缝扩大;若在寒冷受冻地区,混凝土出现裂缝后又会使冻融破坏加速,这样就造成了混凝土发生综合破坏。然而判断混凝土中是否发生了碱集料反应并不是那么容易,但只要发生了碱集料反应破坏,就会留下碱集料反应的内部和外部特征,通过对工程混凝土进行检测和分析,找出其反应特征,可以判定是否发生了碱集料反应破坏以及破坏的程度。

1.2.1.1 时间性

受碱集料反应影响的混凝土需要几年或更长的时间才会出现开裂破坏。由于碱集料反应是混凝土孔隙液中的可溶性碱与集料中的活性成分之间逐渐发生的一种化学反应,反应有渗透、溶解、发生化学反应、吸水膨胀等几个阶段,因此不可能在浇筑后的很短的时间内表现出开裂。据国内外发现碱集料反应工程破坏的报道,一般需要几年或更长的时间。例如:最早发现碱集料反应的美国加利福尼亚州王城桥建于 1919～1920 年,在建成后第三年发现桥墩顶部发生开裂,此后裂缝逐渐向下部发展;美国派克坝建于 1938 年,1940 年发现大坝混凝土严重开裂;英国泽岛大坝建成 10 年后因发生碱硅反应膨胀开裂。

1.2.1.2 表面开裂

碱集料反应破坏最重要的现场特征之一是混凝土表面的开裂。如果混凝土没有施加预应力,裂纹呈网状(龟背纹),每条裂纹长度约数厘米。开始时,裂纹从网点三分岔成三条放射状裂纹,起因于混凝土表面下的反应集料颗粒周围的凝胶或集料内部产物的吸水膨胀。当其他集料颗粒发生反应时,产生更多的裂纹,最终这些裂纹相互连接,形成网状。随着反应的继续进行,新产生的裂纹将原来的多边形分割成小的多边形。此外,已存在的裂纹变宽、变长。

如果预应力混凝土构件遭受严重的碱集料反应破坏,其膨胀力将垂直于约束力方向,在预应力作用的区域,裂纹将主要沿预应力方向发展,形成平行于钢筋的裂纹,在非预应力作用的区域或预应力作用较小的区域,混凝土表现出网状开裂。在碱集料反应膨胀很大时,也会在预应力区域形成一些较细的网状裂纹。如果反应没有完全结束,裂纹宽度将持续增加。

在工程破坏诊断时,应注意碱集料反应裂缝与混凝土收缩裂缝的区别。混凝土工程的收缩裂缝也会出现网状裂缝,但出现时间较早,多在施工后若干日内,而碱集料反应裂缝出现较晚,多在施工后数年甚至一二十年后。环境愈干燥,收缩裂缝愈大,而碱集料反应裂缝随环境条件湿度增大而发展增大。在受约束的情况下,碱集料反应膨胀裂缝平行于约束力的方向,而收缩裂缝则垂直于约束力的方向。

另外,碱集料反应在开裂的同时,有时出现局部膨胀,以致裂缝的两个边缘出现不平整状态,这是碱集料反应裂缝所特有的现象。碱集料反应裂缝首先出现在同一工程的潮湿部位,湿度愈大愈严重,在同一结构工程或同一混凝土构件的干燥部位却安然无恙,这也是碱集料反应膨胀裂缝与其他原因产生的裂缝的最明显的一个外观特征差别。

1.2.1.3　膨胀

碱集料反应破坏是由膨胀引起的,通过检查工程接头或相邻混凝土单元的位移可以提供混凝土是否发生膨胀的信息。

碱集料反应膨胀可使混凝土结构工程发生整体变形、移位等现象,如某些长度大的构筑物的伸缩缝变形,甚至被挤压破坏,有的桥梁支点因膨胀增长而错位,有的大坝因膨胀导致坝体升高,有些横向结构在两端限制的条件下因膨胀而发生弯曲、扭翘等现象。总之,混凝土工程发生变形、移位、弯曲、扭翘等现象,是混凝土工程发生膨胀的特征,结合其他特征再确定该膨胀是否是碱集料反应引起的膨胀。

1.2.1.4　渗出凝胶

碱硅酸反应生成的碱硅酸凝胶有时会从裂缝中流到混凝土的表面,新鲜的凝胶是透明的或者呈浅黄色,外观类似于树脂状。脱水后,凝胶变成白色。是否有凝胶渗出,取决于碱硅酸反应进行的程度和集料种类,反应程度较轻或者集料中碱活性组分为分散分布的微晶质至隐晶质石英等矿物(如硬砂岩)时,一般难以观察到明显的凝胶渗出。当集料只具有碱碳酸盐反应活性时,混凝土中没有类似于碱硅酸凝胶物质的生成,混凝土表面一般不会有凝胶渗出。

凝胶在流经裂缝、孔隙的过程中吸收钙、铝、硫等化合物也可变为茶褐色以至黑色,流出的凝胶多有较湿润的光泽,长时间干燥后变为无定形粉状物,借助放大镜,可与颗粒状的结晶盐析出物区别开来。混凝土工程受雨水冲刷后,体内的 $Ca(OH)_2$ 也会溶解渗流出来,在空气中碳化后成为白色,有时还可形成喀斯特滴柱状,这可用稀盐酸加以区别。又如混凝土中含氯盐、硫酸盐、硝酸盐等溶出时也会出现渗流物,用水可以擦洗掉,而混凝土中的凝胶则不那么容易被擦掉。

1.2.1.5　内部凝胶

碱硅反应的膨胀是由生成的碱硅酸凝胶吸水引起的,因此碱硅酸凝胶的存在是混凝土发生了碱硅酸反应的直接证明。通过检查混凝土芯样的原始表面、切割面、光片和薄片,可在空洞、裂纹、集料—浆体界面区等处找到凝胶,因凝胶流动性较大,有时可在远离反应集料的地方找到凝胶。

1.2.1.6　反应环

有些集料在与碱发生反应后,会在集料的周边形成一个深色的薄层,称为反应环,有时活性集料会有一部分被作用掉。但也有些集料发生碱集料反应后不形成反应环,因此不能将反应环的存在与否用来直接判定是否存在碱集料反应破坏。但如果鉴定反应环的确是碱集料反应的产物,则可作为发生了碱集料反应的证据之一。

1.2.1.7　活性集料

活性集料是混凝土遭受碱集料反应破坏的必要条件。通过检查混凝土芯样薄片,可以确定粗集料的岩石类型,不同岩石的数量、形状、尺寸,具有潜在活性的岩石类型及其活性矿物类型,可以确定细集料的主要组成、各种颗粒的数量、是否具有潜在碱活性及活性矿物所占的比例。

1.2.1.8　内部裂纹

一般认为,ASR 膨胀开裂是由存在于集料—浆体界面和集料内部的碱硅酸凝胶吸水肿胀引起的,ACR 膨胀开裂是由反应生成的方解石和水镁石在集料内部受限空间结晶生长形成的结晶压力引起的。也就是说,集料是膨胀源,这样集料周围浆体中的切向应力始终为拉伸应力,且在集料—浆体界面处达最大值,而集料中的切向应力为压应力,集料内部的肿胀压力或结晶压力将使得集料内部局部区域承受拉伸应力,而浆体和集料径向均受压应力。结果,在混凝土中形成与膨胀集料相连的网状裂纹,反应的集料有时也会开裂,其裂纹会延伸到周围的浆体或砂浆中去,裂纹能延伸到达另一颗集料,裂纹有时会从未发生反应的集料边缘通过。当集料具有碱硅酸反应活性时,一些裂纹中有可能部分或全部填充有 ASR 凝胶,有时反应的集料部分被溶掉。浆体与集料界面不产生空隙,集料与浆体间的黏结良好。这些特征有别于冻融、硫酸盐侵蚀和延迟性钙矾石形成等源自浆体的膨胀开裂特征。

1.2.1.9　混凝土碱含量

碱含量高是混凝土发生碱集料反应的重要条件。一般认为,对于高活性的硅质集料(如蛋白石),混凝土碱含量大于 $2.1\ kg/m^3$ 时将发生碱集料反应破坏;对于中等活性的硅质集料,混凝土碱含量大于 $3.0\ kg/m^3$ 时将发生碱集料反应破坏;当集料具有碱碳酸盐反应活性时,混凝土的碱含量只需大于 $1.0\ kg/m^3$ 就有可能发生碱集料反应破坏。

由于样品的代表性问题、混凝土表面由于雨水和其他来源的水的作用使得部分碱浸出、部分混凝土表面潮湿而其他表面干燥导致碱的迁移,集料中的碱、掺合料中的碱、集料对碱的吸附等因素的影响,混凝土的碱含量不容易分析准确。在确定工程构件的混凝土碱含量时,最好从内部芯样取样进行分析,以减少除冰盐和表面碱浸出或迁移等因素的影响。

1.2.2　碱集料反应机制

1940 年,Stanton 发现的碱集料反应指的是碱硅酸反应。到了 1957 年,Swenson 发现了碱碳酸盐反应。其后加拿大又提出碱硅酸盐反应。1992 年,唐明述论述过碱集料反应的分类,通过收集大量硅酸盐矿物来研究其与碱的反应,证明不会引起膨胀,从而否定了碱硅酸盐反应的存在。近年来人们一致认为,所谓慢膨胀的碱硅酸盐反应,实质上是微晶石英分散分布于岩石之中,从而延缓了反应的历程,而其实质仍为碱硅酸反应。故现在一致认为,碱集料反应可分为碱硅酸反应和碱碳酸盐反应。

1.2.2.1　碱硅酸反应

碱硅酸反应是指活性的二氧化硅与水泥中的碱发生的膨胀反应。活性的二氧化硅包括蛋白石、玉髓、鳞石英、方石英和隐晶、微晶或玻璃质石英。粗晶石英破裂严重或受应力者也可能具有碱活性。从结晶化学角度而言,实质上是指晶体内部缺陷多的石英。地球的 80% 由硅酸盐矿物构成,包括长石、云母、橄榄石、石英等。但大多数文献所说的活性二氧化硅并不包括结晶完好的石英以及仅在化学成分上含有 SiO_2 的岩石。所谓活性二氧化硅,一般是指无定形二氧化硅、隐晶质、微晶质和玻璃质二氧化硅,包括蛋白石、玉髓、石英玻璃体、隐晶质和微晶质二氧化硅以及受应力变形的石英。

其与碱的化学反应式为

$$2NaOH + xSiO_2 = Na_2O \cdot xSiO_2 \cdot aq$$

关于碱硅酸反应机制,存在两种理论,即渗透压理论和吸水肿胀理论。渗透压理论认为集料周围的水泥浆起半透膜作用。半透膜由碱集料反应生成的石灰－碱－氧化硅凝胶组成。碱性氢氧化物和水可以通过半透膜扩散到反应区(集料颗粒),产生膨胀压;而对碱－氧化硅反应生成的硅酸离子,这个膜是非渗透性的。因此,反应生成物堆积于集料颗粒上形成巨大的渗透压力,当这种渗透压超过混凝土强度时即造成混凝土结构破坏。吸水肿胀理论认为,集料中的活性 SiO_2 与水泥中的碱反应,从而在集料与水泥石界面生成碱硅酸凝胶,因这些凝胶具有较强的吸水肿胀性,当肿胀产生的应力超过混凝土的强度时,会使混凝土开裂。

Monica Prezzi 等提出扩散双电层理论,进一步解释凝胶吸水肿胀的原因。该理论认为,在碱性环境下,由于 OH^- 的作用使活性 SiO_2 的三维网状结构解体,形成分立的 $\equiv Si-O^-$ 单体。为平衡 $\equiv Si-O^-$ 的电负性,溶液中的正离子如 Na^+、K^+ 或 Ca^{2+} 等与 $\equiv Si-O^-$ 结合,形成碱－硅(如 $\equiv Si-O-Na$)溶胶。但由于溶胶中的碱－氧(如 $Na-O$)键较弱,使溶胶结构为带负电的 $\equiv Si-O^-$ 单体外包裹了由 Na^+、K^+ 或 Ca^{2+} 等离子形成的正电层,即扩散双电层。若胶体的扩散双电层厚,则胶体颗粒间的斥力大,即产生较大的 AAR 膨胀。

由于 ASR 主要取决于 SiO_2 的结晶程度,因此采用什么判据来鉴定 SiO_2 的结晶度就成为大家追求的目标。采用光学显微镜可以在一定程度上做出定性的判定。

为了能定量表达石英的结晶程度,Dlar Mantuani 提出变形石英的活性高低可由波状消光角来决定,并认为当波状消光角大于 15°时为活性的。但在长期用显微镜观察我国收集到的各种岩样时发现,大多数石英均表现出程度不同的波状消光,特别是山东石臼港的花岗岩样,但测长试验表明碱活性并不高。同时,还发现波状消光是各种各样的,广西红水河岩滩大坝用集料,其细小晶体呈环形波状消光,这种消光是无法测量消光角的。其实除波状消光中的带状消光外,其他如帚状消光、块状消光、鳞骨消光、花边消光、环形消光、X 型消光、T 型消光、"＋"型消光等均无法测定消光角。同时,Chttan Bellew、Andensen 和 Thaulow 均证明膨胀与消光角之间不存在密切的相关性。为了定量表征二氧化硅的结晶程度,唐明述等先后探索过用差示扫描量热计测石英 573 ℃晶型转变的吸热谷,用正电子湮没测晶体缺陷以及用 X 射线上五指峰图形来判断石英的结晶程度。得到结果为:硅质岩石的碱活性主要取决于 SiO_2 的结晶度,无定型者活性越大,晶体缺陷越强,则活性越高。Zhang 曾用电子显微镜研究过石英的晶体缺陷密度,发现其与碱活性具有明显的相关性。

1.2.2.2　碱碳酸盐反应

碱碳酸盐反应主要是脱(去)白云石反应(去白云石化反应),即某些特定的微晶白云石和氢氧化钠(NaOH)、氢氧化钾(KOH)等碱类反应生成氢氧化镁[$Mg(OH)_2$]和碳酸盐等。这些生成物和水泥水化产物氢氧化钙[$Ca(OH)_2$]又起反应,重新生成碱,使脱白云石反应继续下去,直到白云石被完全作用完,或碱的浓度被继续发生的反应降至足够低。其反应式可归纳为

$$CaMg(CO_3)_2 + 2MOH \rightarrow Mg(OH)_2 + CaCO_3 + M_2CO_3$$
$$M_2CO_3 + Ca(OH)_2 \rightarrow 2MOH + CaCO_3$$

式中,M 表示 Na、K 等。

几十年来,已提出了各种解释碱碳酸盐反应膨胀机制的假说,并一致认为碱碳酸盐反应膨胀是以去白云石化反应为前提的一系列化学反应和物理过程的总结果。但各种假说不尽相同,争论的焦点是什么过程引起碱碳酸盐反应膨胀。归纳起来分为直接反应机制和间接反应机制。

1. 直接反应机制

对直接反应机制的解释有复杂的水化复盐产物学说和结晶压学说。

复杂的水化复盐产物学说由 Sherwood 和 Newlon 提出。膨胀是因为反应生成了晶胞尺寸较大的水化复盐晶体,如斜钠钙石、水碳钾钙石或水滑石—水镁铁石等。

岩石碱碳酸盐反应膨胀的结晶压学说首先由唐明述院士及其研究组创立。碱溶液通过黏土网络渗透进入限制空间,与白云石产生去白云石化反应。虽然去白云石化反应是固相体积减小的过程,但反应产物碳酸钙与水镁石为细颗粒,产物间存在许多孔洞,因此包括孔洞在内的固相产物的总体积增加,使反应产物尤其是水镁石在有限空间的重排和定向生长产生高的结晶压。

2. 间接反应机制

间接反应机制以 Gillott 的吸水肿胀学说和 Hadley 的渗透压学说为代表。

Gillott 认为,去白云石化过程使菱形白云石晶体破坏,使包裹于晶体中的干燥黏土暴露。当干燥的黏土与碱溶液接触时会吸附水合离子产生扩散双电层,引起肿胀压。肿胀压的作用使岩石开裂,把基质中的黏土暴露出来并吸水肿胀,使岩石进一步膨胀开裂。

Hadley 的渗透压学说认为,黏土矿物与其表面有机物覆盖层的离子交换和迁移可能增加它们的吸水性。碱与白云石反应后,在其周围生成了液相的碳酸钾(钠)、固相碳酸钙和水镁石。由于液相碳酸钾(钠)与氢氧化钾有不同的溶液性质,使集料周围液相碳酸钾(钠)通过间隙黏土向外流动,它与外部 KOH 通过间隙黏土向内流动的趋势不同,这种差别形成渗透压,产生膨胀。

此外,钱光人通过收集国内外大量各种地质条件下的白云岩并在实验室详细研究相应的微观结构得出:具有潜在高 ACR 活性的岩石形成的沉积环境应具备浅水低能、偏离于正常海水的盐度、毗邻大陆边沿等特点,其中具有高 ACR 膨胀性的泥晶白云质灰岩应形成于局限台地的上潮间古环境,泥质泥晶白云岩则形成于萨哈布模式的潮上带。此结论可用 Wilson 的相带模型图表示。基于地质科学所得的结论,对寻找和确定新的集料基地是十分有利的。Wilson 的相带模型及高 ACR 膨胀性岩石的存在区见图 1-1。

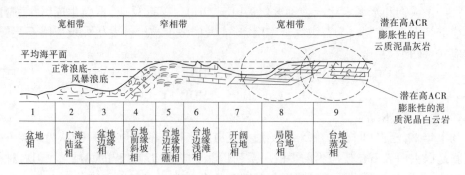

图 1-1 Wilson 的相带模型及高 ACR 膨胀性岩石的存在区

1.3 影响碱集料反应的因素

1.3.1 碱

AAR 的发生是混凝土孔溶液中的碱与集料中活性组分在混凝土硬化后发生缓慢化学反应。混凝土孔溶液中有足够高的可溶碱是 AAR 发生的重要影响因素。破坏性碱集料反应的发生要求混凝土孔溶液中 Na^+、K^+、OH^- 浓度必须大于某临界值。低于此值，AAR 便难以发生或程度较轻。对于混凝土孔溶液中 OH^- 浓度临界值的确定尚不统一。Nixon 认为混凝土孔溶液的 OH^- 浓度大于 250 mmol/L，AAR 才能继续进行，Berra 等则认为 OH^- 浓度大于 195～215 mmol/L，AAR 即可发生。

混凝土中的碱主要来源于水泥、掺合料、拌和水、化学外加剂、集料和外界环境。混凝土中的总碱量则是指水泥、掺合料、化学外加剂、集料和拌和水带入的碱的总和，即除外界环境引入的碱外的混凝土中所有碱。

水泥是混凝土中碱的主要来源。水泥中的碱主要以含碱盐的形式，如 Na_2SO_4、K_2SO_4、$3K_2SO_4 \cdot Na_2SO_4$ 等矿物形式存在。水泥中的碱随着水泥的水化进行而迅速溶出并进入孔溶液，Donald 等的试验结果表明，38 ℃下 28 d 时，硅酸盐水泥中的碱有 86%～97% 释放出来，其中 45%～85% 是在前几个小时内释放出来的。通过采用低碱水泥或降低混凝土中水泥用量等方法可降低混凝土中总碱含量，缓解碱集料反应。

混凝土中掺入矿渣、粉煤灰等掺合料时，掺合料中的碱也将溶出，但是掺合料中溶出的碱对碱集料反应的促进作用与水泥中的碱相比有较大差异。现有试验研究和工程试验结果均表明，矿物掺合料可有效抑制碱集料反应，但也有试验表明，使用高碱粉煤灰且掺量少时反而促进碱集料反应。Tang 等从掺合料的酸性、水泥的碱度、反应历程及电化学等方面来分析掺合料对碱集料的抑制作用，提出掺合料抑制碱集料的"酸碱平衡"理论，并指出掺合料中碱的有效性与掺合料的酸性以及掺合料的掺量有关。据此原理和试验，英国制定了相应标准，提出根据掺合料的掺量来计算掺合料的有效碱方法，规定对于矿渣，当其掺量低于 25% 时，取全部碱有效计算；当掺量为 25%～39% 时，按 1/2 计算；当掺量达 40% 以上，则略而不计。对于粉煤灰，当其掺量小于 20% 时，全计；当掺量为 20%～

25%时,按 1/5 计算;当掺量大于 25%时,则略而不计。

化学外加剂通常含有碱金属盐。化学外加剂中的碱金属盐同样可以促进碱集料反应,不同的碱金属盐对碱集料的促进作用有差异。

拌和水中的碱全部是水溶性的,均能参与碱集料反应,即拌和水中的碱全部为有害碱。受海水作用的集料和盐碱地区的集料等含有 NaCl 或 KCl,这些盐能迅速溶解于混凝土孔溶液中而加速碱集料反应。

集料中存在很多的含碱矿物,如钠长石、钾长石、白云母、黑云母、伊利石、霞石及火山灰玻璃等。按照化学组成计,这些含碱矿物的碱含量远高于水泥,但在混凝土总碱量计算中,集料所含的碱并未被计算在内。集料中的含碱矿物在水中具有很低的溶解度,但是在混凝土孔溶液中是否会分解溶出碱而引发碱集料反应,是研究碱集料反应时不得不考虑的问题。由于集料在混凝土中的量很大,集料中的含碱矿物即使分解很少的部分,也将带入混凝土中大量的碱,其对碱集料反应的影响应引起注意。

混凝土中的碱含量是指($Na_2O + K_2O$)的含量,通常用等当量的 Na_2Oeq 表示,即

$$Na_2Oeq = Na_2O + 0.658K_2O$$

系数 0.658 指 Na_2O 与 K_2O 的摩尔质量比。

根据《水工混凝土施工规范》(DL/T 5144—2015),混凝土碱含量的计算方法如下。

(1)对中热水泥配制的混凝土:

混凝土碱含量(kg/m^3) = 中热水泥碱含量(%)×水泥用量(kg/m^3) + 0.2×粉煤灰碱含量(%)×粉煤灰用量(kg/m^3) + 外加剂中碱含量(%)×外加剂用量(kg/m^3)

(2)对低热水泥配制的混凝土:

混凝土碱含量(kg/m^3) = 低热水泥熟料中碱含量(%)×水泥熟料用量(kg/m^3) + 0.5×矿渣中碱含量(%)×矿渣用量(kg/m^3) + 0.2×粉煤灰碱含量(%)×粉煤灰用量(kg/m^3) + 外加剂中碱含量(%)×外加剂用量(kg/m^3)

以上计算中均不考虑集料中的碱含量。

1.3.2　活性集料

具有 ASR 活性的矿物主要有无定型 SiO_2(蛋白石、富 SiO_2 的玻璃体)、玉髓、隐晶质石英和微晶石英、应变石英、鳞石英和方石英等。含有活性硅质矿物的岩石就有可能表现出碱活性,但是岩石是否表现出碱活性以及碱活性的强弱还与这些活性矿物在岩石中的含量以及岩石的结构构造有关。对于高活性矿物,如蛋白石,一般认为其含量达到 2% ~5%,岩石就具有碱活性;而对于活性较弱的应变石英,其含量达到 20% 以上时岩石才具有碱活性。含有低碱活性矿物,如微晶石英和应变石英,岩石的碱活性不仅与碱活性矿物的含量有关,还与岩石质地的致密程度有关。

并非所有的碳酸盐都会产生 ACR 破坏作用,事实上众多石灰石和白云石用于实际混凝土中均有良好的使用记录。具有 ACR 活性的岩石是泥质白云质石灰石,其中一般黏土的质量分数为 5% ~20%。白云石和石灰石含量大致相等。根据 Gillott 等的研究,具有

ACR 活性的岩石应具备的条件为:白云石的菱形晶体粒径为 25 ~ 50 μm,分散分布于基质之中,基质由微晶方解石和黏土构成,紧密包裹白云石微晶。

1.3.3 水

有人认为只有大坝、港湾工程或水下建筑才会发生 AAR,不与水接触的干燥环境或室内混凝土梁柱就没有问题。针对这个问题很多专家都讨论过。Swamy 认为:现有的现场资料充分证明,绝大部分混凝土构筑物在季节性气候变化的暴露条件下,其内部的相对湿度足以维持膨胀性 AAR,因此在沙漠地带的大多数公路、大坝以及干燥气候条件下的桥面和柱也可能保持内部湿度而断续发生膨胀反应。同时,在控制环境条件下,室内的大型混凝土构件也能长期维持适当的相对湿度。这是因为当下雨或相对湿度较高时,混凝土的毛细管将充满水,这些水不一定很快蒸发掉。因此,不仅大坝、港湾工程等建筑物要注意 AAR 问题,室内混凝土建筑也必须防止 AAR。

湿度是控制混凝土 AAR 膨胀行为的一个重要因素,直接影响到混凝土的膨胀速度和膨胀值。降低相对湿度将延缓 AAR 膨胀的发生和减慢混凝土的破坏,但是有时后期造成的破坏将更严重。20 ℃时若相对湿度低于 80% ~ 85%,ASR 将不造成破坏。温度升高,这一数值可能要小一些。要使 ACR 不产生膨胀破坏,相对湿度必须低于 50%。

降低相对湿度虽然可以降低 AAR 膨胀,但是实际混凝土所处环境的湿度条件是难以人为控制的。此外,湿度条件的变化还可能导致混凝土中碱的迁移,并在局部富集,从而加剧 AAR。目前对已发生 AAR 破坏的工程进行修补而采用了隔离混凝土与外部水分的技术路线,实践证明其效果并不理想。例如:日本从大阪到神户的高速公路松原段陆地立交桥,桥墩和梁发生大面积碱集料反应开裂,日本曾采取将所有裂缝注入环氧树脂,注入后又将整个梁、桥墩表面全用环氧树脂涂层封闭,企图通过阻止水分和湿空气进入的方法控制碱集料反应的进展,结果仅仅经过一年,又多处开裂。

1.3.4 最不利尺寸

集料粒径与 ASR 膨胀关系的大量研究结果表明,对于具有碱活性的某些集料,存在集料的最不利尺寸效应(Pessimum size effect),即总存在一个最不利粒径范围对应着试件的最大膨胀值,当集料粒径小于或大于该粒径时,试件的膨胀均有所减小。2005 年,Ramyar 等研究了活性集料粒径对碱硅酸反应的影响。试验结果表明,对于天然活性集料,2 ~ 4 mm 和 0.125 ~ 0.25 mm 试件 14 d 膨胀率较小,约为 0.03%,而 0.5 ~ 1 mm、1 ~ 2 mm、0.25 ~ 0.5 mm 试件 14 d 膨胀率在 0.1% 左右;对于破碎活性集料,2 ~ 4 mm 和 0.125 ~ 0.25 mm试件的 14 d 膨胀率较小,约为 0.05%,而 0.5 ~ 1 mm、1 ~ 2 mm、0.25 ~ 0.5 mm 试件 14 d 膨胀率均大于 0.1%,0.25 ~ 0.5 mm 和 0.5 ~ 1 mm 试件膨胀率接近 0.2%。2006 年,洪翠玲等以混凝土棱柱体法为基准,采用中国压蒸法研究了 9 种国内外砂岩类集料的碱活性及颗粒粒径对砂浆试体压蒸膨胀行为影响,试验结果表明,大多数集料采用 1.25 ~ 2.50 mm 颗粒尺寸的砂浆 ASR 膨胀最大,而 0.16 ~ 0.63 mm、2.50 ~ 5.00 mm 颗粒的砂浆 ASR 膨胀较小;延长压蒸时间至 30 h,同样具有相同规律。2010 年,Multon 等发现最大 ASR 膨胀的集料粒径为 0.63 ~ 1.25 mm。2012 年,Dunant 等研究结果表明,各个粒级集料膨胀率随着时间的延长不断增大,800 d 时均超过 1 mm/m(0.1%),其中 4~8 mm 颗粒膨胀率最大,8~16 mm 次之,0~2 mm 最小。

活性集料与 ASR 膨胀关系密切,不仅与其粒径有关,还受集料自身品种、微结构、组成、活性甚至颗粒级配等多因素的影响。上述试验结论差异较大,与试验所用集料的岩相、组成以及微观结构等方面的差异有关,也与试验制度的差异有关。庄园等试图探求不同集料粒径下碱在活性集料不同深度处的分布规律,以解释集料的尺寸效应,但所采用的测试对象为某单颗活性集料,混凝土内部参与 ASR 的"反应元"数量非常少,粒径大小对单颗活性集料内的碱含量并无显著影响。

目前,对 ASR 膨胀的研究主要局限于小粒径集料的研究上,然而在实际工程混凝土结构中,集料粒径往往很大,常采用多级配集料,但是在这个层面上的研究非常少。随着工程混凝土结构建设的加快及活性集料的被迫利用,继续并拓展对集料粒径与 ASR 膨胀关系的研究极其必要,尤其是大粒径、多级配集料 ASR 膨胀规律的研究更为迫切。

第2章　碱活性集料的判定方法

2.1　碱活性集料鉴定方法

Oberholster 等综合了各国学者的研究成果,将具有碱活性的矿物和岩石与其中的活性成分及含量综合于表 2-1 中。

表 2-1　具碱活性岩石及成分

岩石		活性成分及含量
火成岩	花岗岩、花岗闪长岩、紫苏花岗岩	波状消光的应变石英含量 >30%
	浮石、流纹岩、安山岩、英安岩、安粗岩、珍珠岩、黑曜岩、火山凝灰岩	酸至中性富二氧化硅的火山玻璃体、反玻化玻璃、磷石英
	玄武岩	玉髓、蛋白石、橙玄玻璃
变质岩	片麻岩、片岩	波状消光的应变石英含量 >30%
	石灰岩	波状消光的应变石英含量 >30%、燧石含量 >5%
	角页岩、千枚岩、泥板岩	页硅酸盐、应变石英
沉积岩	砂岩	应变石英、燧石含量 >5%
	硬砂岩	页硅酸盐、应变石英
	燧石(球状)燧石(板状)	微晶石英、玉髓、蛋白石
	硅藻土	白云石、页硅酸盐
	碳酸盐	细粒泥质灰岩、白云岩或白云灰岩、硅质白云岩
其他物质		某些合成玻璃,如硬质玻璃、硅胶

各国根据各自集料的特点提出的鉴别碱活性集料的方法已有几十种之多,主要有岩相法、化学法(如 ASTM C289 化学方法、德国溶解法、丹麦化学收缩法、渗透盒试验法和凝胶小块试验法等)、测长法(砂浆棒法、快速砂浆棒法、混凝土棱柱体法、岩石柱法、碱碳酸盐集料快速初选法等)等。现分别介绍如下。

2.1.1　岩相法

岩相法为岩石学估计法,由有经验的资深岩相学家通过偏光显微镜对样品薄片进行鉴定。如果鉴定集料中不含或含有少量碱活性的岩石或矿物,可判为非活性集料;如果鉴定集料中含有碱活性的矿物成分(对于碱硅酸反应,活性矿物是一些含活性二氧化硅(无定形二氧化硅,隐晶质、微晶质和玻璃质二氧化硅)的矿物,包括蛋白石、玉髓、鳞石英、方石英、酸性－中性火山玻璃、隐晶－微晶石英及应变石英等。对于碳酸盐岩,则重点观察岩石中是否存在黏土矿物及白云石是否为自形菱形晶体),推荐用其他试验方法来进一步论证,以确定这些集料能否在混凝土中发生碱集料反应。

岩相法一般作为碱活性集料检测程序的初判,目前的方法标准有美国的 ASTM C295—90 混凝土集料岩相分析指南、RILEM 标准系列的 AAR－1 方法。

岩相法主要解决两方面的问题:一方面是集料中的矿物有无碱活性组分及其含量;另一方面是如含有活性组分,描述其分布状态、颗粒大小,确定其属于哪一类型的碱活性组分,是碱硅活性还是碱碳酸盐活性。由于岩相法的特殊性,只能给出指导性的结论,但是当岩相法认为集料为非活性时,可以作为最终结果。

2.1.2 　化学法

化学法以集料在碱性溶液中的反应速度作为判断依据,反映集料与碱的反应能力,一般认为其与混凝土的破坏能力没有直接的关系,用于评定非活性集料是合适的,但不能准确地评定具有潜在活性的集料。目前提出的化学法一般都有一定的局限性,每一种方法仅适用于一定的集料类型。另外,化学法易受一些元素的干扰,使评定结果产生较大的误差,现在使用较少。由于误差较大,加拿大标准已率先取消了化学法;RILEM 技术委员会制定的集料碱活性检测方法中也不再考虑化学法。目前的方法标准有美国的 ASTM C289 方法,我国的一些规范中仍在沿用该方法。

2.1.3 　测长法

测长法是指制作特定的试件,在特定的养护条件下,测定其在一定时间内的膨胀率。测长法以测试件的膨胀量为依据,结果直观,与工程实际情况有比较好的关联性。所以,成为使用最为广泛的集料碱活性检测方法。常见的测长法有以下几种。

2.1.3.1 　砂浆棒法

砂浆棒法一直是碱活性鉴定中的经典方法,1951 年由美国提出并制定了试验标准,此后被列入许多国家的标准中。此方法使用的水泥碱含量应大于 0.6% 或使用高碱水泥。集料采用五级配,水泥与集料的质量比为 1:2.25。试件尺寸为 25 mm×25 mm×285 mm。试件在温度 38 ℃ 与相对湿度为 100% 条件下养护,如试件半年的膨胀率等于或超过 0.1%,则评定为具有潜在危害的活性集料,小于 0.1% 则为非活性集料。在缺少 6 个月试验资料的情况下,可采用试件 3 个月的膨胀率,试件 3 个月膨胀率大于 0.05%,判定为碱活性集料;否则,为非碱活性集料。

采用该方法的标准主要有 ASTM C227,因为砂浆棒法尚存在许多问题,RILEM 标准系列并未列入此方法。砂浆长度法作为一个传统的方法,已使用了 40 余年。国内外的实践表明:这种方法对集料适应性差,仅适用于一些高活性、快膨胀的岩石和矿物,如组成流纹岩、安山岩的蛋白石质材料和风化变质玻璃体的微晶质材料,对慢膨胀的集料如片麻岩、片(页)岩、杂(硬)砂岩、灰岩、泥质板岩和偏火山岩等则广泛存在漏判错判实例。国际上一些专家对此方法提出了质疑,特别是英国和日本由于该方法的误判,给工程带来了巨大的损失,英国在 20 世纪四五十年代对本国的燧石用 ASTM C227 方法试验,得出了非活性的结论,但 20 世纪 70 年代以后,发现了数百座混凝土工程出现了不同程度的 AAR (碱集料反应)破坏,有的破坏非常严重。日本由于 AAR 破坏的修补,付出了昂贵的代价,现在有的国家已在本国标准中取消了砂浆棒法。

2.1.3.2　快速砂浆棒法

由于砂浆棒法试验周期长,往往不能满足工程施工进度的需要。从 20 世纪 80 年代开始,各国都在探求快速的试验方法,以使在短期内对集料的碱活性做出判断。我国南京化工学院唐明述教授等在 1983 年提出的压蒸法,现已列为中国工程标准化委员会标准,标准号为 CECS 48:93。该方法适用于检测碱硅酸反应活性。法国将该方法改进后列入了该国的国家标准 NFP 18-588,日本等国也在大量使用。另一种比较典型的方法是以南非建筑研究所(NBRI)Oberholster 和 Davies 在 1986 年首先提出的砂浆棒快速法,于 1994 年同时被定为美国材料测试协会和加拿大标准协会标准,标准号分别为 ASTM C1260 和 CSA A23.2-25A。2001 年正式被 RILEM 定为快速检测集料碱活性的方法,标准号为 AAR-2。

1. 压蒸法

小砂浆棒快速法试样粒径为 0.63 ~ 0.16 mm,水泥使用碱含量为 0.4% ~ 0.8% 的硅酸盐水泥,通过外加碱 KOH 达到碱含量为 1.5%,水泥与集料的质量比为 10:1、5:1 和 2:1。水灰比为 0.3。试件尺寸为 40 mm × 10 mm × 10 mm。试件成型一天后脱模,并测量基准长度;然后在 100 ℃下蒸养 4 h,再浸泡在 10% KOH 溶液中,在 150 ℃压蒸 6 h,测量其最终长度。试验结果评定时,用三个配比中最大膨胀值来评定集料的碱活性,如膨胀值大于或等于 0.1%,则评定为活性集料;小于 0.1%,则为非活性集料。

压蒸法的特点,一是工作量小,操作简便,试验周期短,能够很快对集料的活性做出判断,可以广泛用来筛选和鉴别集料;二是需要的设备简单,试验方法简便,容易掌握。但是由于该方法用碱量(水泥补碱到 1.5% 和浸在高碱溶液中反应)较大,又采取高温－高压的非常态反应路线,与实际工程中碱与集料的反应条件相差甚远。高温下水泥水化产生的二次钙矾石也会使试验结果产生误差。验证后普遍认为有较多的错判,但不会有漏判。这种方法测定单一岩石较为合适,对天然砂、石料场中的多种活性集料的混合料,由于试件太小,取样有限,测定起来误差会大一些。

2. 砂浆棒快速法(AMBT)

NBRI 按照 ASTM C227 的规定制备砂浆棒,脱模后在 23 ℃下放进带有水的容器中,再放进 80 ℃的烘箱。24 h 后将砂浆棒从热水中移出,在 20 s 内测量其长度作为初始值。然后将砂浆棒放进 80 ℃的 $c(NaOH) = 1$ mol/L 的溶液中,并重新放回烘箱。用试件在 NaOH 溶液中 12 d 后的平均膨胀值作为评定集料潜在活性的依据。Oberholster 和 Davies 提出的判据是:膨胀率 < 0.10% 时,评定为无害集料;膨胀率为 0.10% ~ 0.25% 时,评定为具有潜在活性的慢膨胀集料;膨胀率 > 0.25% 时,评定为具有潜在活性的快膨胀集料。

ASTM C1260 是在这一基础上经修改而成的。ASTM C1260 主要做了如下修改:

(1)取消了水泥碱含量限制。

(2)采取了固定水灰比。

（3）将试件长度由 250 mm 延长至 285 mm。

（4）将试件在 NaOH 溶液中的时间延长了 2 d。

（5）对判据做了修改,规定膨胀率 <0.10% 时,评定为无害集料;膨胀率为 0.10% ~ 0.20% 时,对该集料无法做出判断,需进行一些辅助的试验;膨胀率 >0.20% 时,评定为活性集料。

目前,ASTM C1260 和 RILEM 标准 AAR－2 规定 14 d 膨胀率小于 0.10% 为非活性,膨胀率大于 0.20% 为活性,膨胀率在 0.10% ~ 0.20% 为潜在活性。CSA A23.2－25A 则根据集料岩石类型确定判据,灰岩集料 14 d 膨胀率小于 0.10% 为非活性,其他集料则以 14 d 膨胀率 0.15% 作为活性与否的判据。同时,规定该方法可以接受膨胀率小于 0.10% 的集料,但不能作为拒绝集料的根据,即仅能用于快速筛选集料。该方法结果可疑时,应用混凝土棱柱体法进一步鉴定。

综合世界各国的实践经验,AMBT 可以成功筛选出大部分集料的碱活性,但也有很大局限性。在 AMBT 中异常膨胀的集料同时包含 AMBT 偏严和漏判两种情况。偏严的集料主要有变质岩和少数火成岩、变质沉积岩,漏判的集料主要是某些碳酸盐集料,少数花岗岩、花岗闪长岩、片麻岩及某些层位的 Potsdam 砂岩。另外,各地区的试验结果都显示集料在 AMBT 和混凝土棱柱体法中的膨胀值没有明显相关性,表明 AMBT 不能正确预测集料在混凝土中的膨胀水平。

2.1.3.3　混凝土棱柱体法（Concrete Prism Test,简称 CPT）

混凝土棱柱体试验有加拿大标准 CSA A23.2－14A 和美国 ASTM C1293—95 以及 RILEM 标准 AAR－3。

美国 ASTM C1293—95 方法试验用硅酸盐水泥,含碱量为 (0.9 ± 0.1)% (Na$_2$Oeq) 通过外加碱 NaOH 使水泥的碱含量达到 1.25%。混凝土中水泥用量为 (420 ± 10) kg/m^3。水灰比 0.42 ~ 0.45。试件尺寸为 75 mm × 75 mm × 300 mm ~ 120 mm × 120 mm × 400 mm,测试细集料碱活性时使用非碱活性砂,砂的细度模数为 (2.7 ± 0.2)。测试粗集料碱活性时使用非碱活性粗集料。试件成型 24 h 后脱模测定初始长度。随后在 (38 ± 2) ℃、相对湿度 100% 的条件下储存,1 年龄期试件的膨胀率大于或等于 0.04%,则判定集料有潜在有害反应。这个方法适用于碱硅酸反应(ASR)。

加拿大标准 CSA A23.2－14A 使用硅酸盐水泥,含碱量为 (1.0 ± 0.2)% (Na$_2$Oeq),并通过外加碱 NaOH 使水泥的碱含量达到 1.25%。混凝土中水泥用量为 (310 ± 5) kg/m^3。水灰比为 0.42 ~ 0.45。试件尺寸为 75 mm × 75 mm × 300 mm ~ 120 mm × 120 mm × 400 mm,使用非碱活性砂,砂的细度模数为 (2.70 ± 0.2)。试件成型 24 h 后脱模,浸水 30 min 后取出测定初始长度。对于碱碳酸盐反应集料,在 (23 ± 2) ℃、相对湿度 100% 的条件下储存,在一年龄期混凝土试件的膨胀率如果大于 0.04%,则集料具有潜在有害活性;对慢膨胀碱硅酸盐/硅酸反应集料,在 (38 ± 2) ℃、相对湿度 100% 的条件下储存,1 年龄期试件的膨胀率大于 0.25% 或 3 个月的膨胀率大于 0.01%,则判定为有潜在反应性。这个方法适用于碱硅酸反应(ASR)和碱碳酸盐反应(ACR)。

混凝土棱柱体法(CPT)采用的混凝土的试体参数与现场混凝土最为接近。国外研究经验表明,CPT 试验结果与现场混凝土记录十分吻合,因此被认为是目前最可靠的集料碱活性检测方法,并广泛用于集料是否具有碱活性的最终判定。

由于 CPT 方法所需时间太长,RILEM 标准在 CPT 方法及基础上进行了改进。它的试体尺寸、集料粒径及级配、配合比等与 CPT 法完全相同,为了加快反应速度,缩短评价的时间,AAR - 4 法将养护温度提高到 60 ℃,养护时间缩短为 20 周。该方法以试体 3 个月的膨胀率 0.02% 作为判据,得到了与实际较符合的检测结果。

2.1.3.4　岩石柱法

岩石柱法是一种专门检验碱碳酸盐活性的试验方法。它是将集料(岩石)加工成 (9 ± 1) mm × 35 mm 的小圆柱体,测量初始长度后,在室温下浸泡于 1 mol/L NaOH 溶液中,在规定的时间测量试件的长度变化,以 84 d 的膨胀率作为判据。膨胀率小于 0.10% 时认为集料是无害的,大于 0.10% 时认为是有害的。岩石柱的膨胀具有很强的方向性,所以应在同块岩石的不同岩性方向取样。此方法需时较长,对某些慢膨胀的集料可能测不出。

该方法的标准主要有美国 ASTM C586。

2.1.3.5　碱碳酸盐集料快速初选法

碱碳酸盐集料快速初选法是针对 ACR 的快速鉴定方法,由南京化工大学唐明述等提出,属 RILEM 标准 AAR - 5 试行标准。AAR - 5 法以压蒸法为试验基础,适当增大碳酸盐集料的粒径以强化集料膨胀对混凝土膨胀所起的作用。对于大部分硅质集料,集料粒径的减小可促进碱集料反应,而对于碳酸盐类集料,在 0.8 ~ 10 mm 粒径范围内随着粒径的增加,膨胀加剧。方法采用 5 ~ 10 mm 单一粒径的集料,使用纯硅酸盐水泥,水泥碱含量 < 0.6%,外加 KOH 调整水泥碱含量至 1.5%,试体尺寸为 40 mm × 40 mm × 160 mm,水泥、集料比为 1∶1,水灰比 0.30。试体成型后在 (20 ± 2) ℃、85% RH(相对湿度)的养护室内预养护 24 h,脱模后编号并将试体放入已升温至 80 ℃、1 mol/L NaOH 养护液中预养护 4 h,以保证试体内外温度都达到 80 ℃,迅速取出测初始长度,再将试体放回至 80 ℃碱溶液中,定期测量 7 d、14 d、21 d、28 d 各龄期的膨胀率。若 28 d 膨胀率大于或等于 0.1%,则判定集料具活性。

该方法在对含有泥质泥晶白云岩、泥质粉晶白云岩、泥质白云质灰岩和白云质灰岩的集料检测中,获得了较好的结果。由于该方法为试行方法,还需要经过大量的试验加以验证。

2.2　各国碱集料鉴定方法

碱集料反应试验方法最早起源于美国 ASTM 标准。由于碱集料反应危害巨大,世界各国和地区都一直高度重视集料碱活性试验方法的研究。相应标准也是在美国 ASTM 基础上相继建立的。国内外判定集料碱活性的方法很多,分列如下。

2.2.1　美国 ASTM 系列标准

(1) ASTM C295　混凝土集料岩相检验。

(2) ASTM C289　集料潜在碱活性标准试验方法(化学法)。

(3) ASTM C227　集料潜在碱活性标准试验方法(砂浆棒法)。

(4) ASTM C586　混凝土碳酸盐集料潜在碱活性标准试验方法(岩石柱法)。

(5) ASTM C1105　碳酸盐集料潜在碱活性标准试验方法(混凝土测长法)。

(6) ASTM C1260　集料潜在碱活性标准试验方法(快速砂浆棒法)。

(7) ASTM C1293　集料碱硅酸反应活性标准试验方法(加拿大混凝土柱测长法)。

2.2.2　国际材料与结构研究实验联合会(RILEM)系列标准

(1) AAR - 0　探测集料的潜在碱活性。

(2) AAR - 1　探测集料潜在碱活性:岩相法。

(3) AAR - 2　探测集料潜在碱活性:A—快速砂浆棒法。

(4) AAR - 3　探测集料潜在碱活性:B—混凝土柱法。

(5) AAR - 4　探测集料潜在碱活性—快速混凝土柱法。

(6) AAR - 5　碳酸盐集料快速初选法。

2.2.3　加拿大标准

(1) CSA A23.2 - 14A　混凝土柱碱—集料反应膨胀测长试验标准程序。

(2) CSA A23.2 - 25A　集料碱活性快速砂浆棒试验方法。

2.2.4　英国标准

(1) BS 812　碱硅酸反应混凝土膨胀试验方法。

(2) BS 812 - 104　集料定量岩相检验方法。

2.2.5　法国标准

(1) AFNOR. NormeP18.585　集料碱活性试验方法(砂浆棒法)。

(2) AFNOR. NormeP18.587　集料碱活性试验方法(混凝土法)。

(3) AFNOR. NormeP18.588　集料碱活性快速试验方法(小砂浆棒法,即中国法)。

(4) AFNOR. NormeP18.589　集料潜在碱硅酸和碱硅酸盐活性试验方法。

(5) AFNOR. NormeP18.590　集料碱活性快速压蒸砂浆棒法。

2.2.6　中国标准

中国是世界上研究碱集料反应比较多的国家之一。集料碱活性试验方法方面先有了各个行业标准。如:铁标 TB/T 2922 系列、水工 SD 105 系列、水电 DL/T 5151 系列、建工 JGJ 52 和 JGJ 53、中国工程建设标准化协会 CECS 48 等。这些标准大都参照 ASTM 系列标准编写而成。在 2001 年修订实施的《建设用砂》(GB/T 14684—2001)及《建筑用卵石、碎石》(GB/T 14685—2001)中第一次在国家标准层面规定了集料碱活性的测试方法。

我国各规范规程中对集料碱活性的判定方法基本以 ASTM 标准为基础,某些方法上稍有不同,主要试验方法的判别依据如下:

(1)化学法:参见 2.1.2 部分。

(2)岩相法:参见 2.1.1 部分。

(3)快速砂浆棒法:以试件 14 d 的膨胀率作为判据。膨胀率 <0.10% 时,评定为无害

集料;膨胀率为 0.10% ~ 0.20% 时,评定为具有潜在碱活性集料,需进行一些辅助的试验;膨胀率 > 0.20% 时,评定为活性集料。

(4)岩石柱法:以 84 d 的膨胀率作为判据。膨胀率小于 0.10% 时,认为集料是无害的;膨胀率大于 0.10% 时,认为是有害的。

(5)混凝土棱柱体法:1 年龄期试件的膨胀率大于或等于 0.04%,则判定集料有潜在有害反应。

(6)砂浆棒法:试件半年的膨胀率等于或超过 0.1%,评定为具有潜在危害的活性集料,小于 0.1% 则评定为非活性集料。在缺少 6 个月试验资料的情况下,可采用试件 3 个月的膨胀率,试件 3 个月膨胀率大于 0.05%,判定为碱活性集料,否则为非碱活性集料。

(7)压蒸法:试件尺寸为 40 mm × 10 mm × 10 mm。浸泡在 10% KOH 溶液中,在 150 ℃压蒸 6 h,如膨胀率大于或等于 0.1%,则评定为碱活性集料;小于 0.1%,则评定为非碱活性集料。

表 2-2 中列举了我国现行的有关碱活性集料的行业规范和国家规范。

表 2-2　我国有关碱活性集料的规范

名称	试验方法及评定标准
《建设用砂》(GB/T 14684—2011)	1. 岩相法; 2. 快速砂浆棒法; 3. 砂浆棒法
《建筑用卵石、碎石》(GB/T 14685—2011)	1. 岩相法; 2. 快速砂浆棒法; 3. 砂浆棒法; 4. 岩石柱法
《普通混凝土用砂、石质量及检验方法标准》(JGJ 52—2006)	砂: 1. 快速砂浆棒法; 2. 砂浆棒法,可用 3 个月资料。 石: 1. 岩相法; 2. 快速砂浆棒法; 3. 砂浆棒法,可用 3 个月资料; 4. 岩石柱法
《水工混凝土试验规程》(SL 352—2006)	1. 岩相法; 2. 化学法; 3. 快速砂浆棒法; 4. 砂浆棒法,可用 3 个月资料; 5. 岩石柱法; 6. 混凝土棱柱体法
《水利水电工程天然建筑材料勘察规程》(SL 251—2015)	1. 岩相法; 2. 化学法; 3. 快速砂浆棒法; 4. 砂浆棒法,可用 3 个月资料; 5. 岩石柱法; 6. 混凝土棱柱体法

续表 2-2

标准名称	试验方法及评定标准
《水工混凝土砂石集料试验规程》(DL/T 5151—2014)	1. 岩相法； 2. 快速砂浆棒法； 3. 砂浆棒法,可用 3 个月资料； 4. 岩石柱法； 5. 混凝土棱柱体法
《砂、石碱活性快速试验方法》(CECS 48:93)	压蒸法
《铁路混凝土用骨料碱活性试验方法　岩相法》(TB/T 2922.1—1998)	岩相法
《铁路混凝土用骨料碱活性试验方法　化学法》(TB/T 2922.2—1998)	化学法
《铁路混凝土用骨料碱活性试验方法　砂浆棒法》(TB/T 2922.3—1998)	砂浆棒法,可用 3 个月资料
《铁路混凝土用骨料碱活性试验方法　岩石柱法》(TB/T 2922.4—1998)	岩石柱法:以试件 3 个月的膨胀率作为判据。膨胀率小于 0.10% 时,认为骨料是无害的;大于 0.10% 时,认为是有害的
《铁路混凝土用骨料碱活性试验方法　快速砂浆棒法》(TB/T 2922.5—2002)	快速砂浆棒法
《铁路天然建筑材料工程地质勘察规程》(TB/10084—2007)	以 TB/T 2922.1—1998、TB/T 2922.2—1998、TB/T 2922.3—1998、TB/T 2922.4—1998、TB/T 2922.5—2002 为标准

　　此外,还有些地方法规及重大工程都有对碱活性集料的相关规定。在实际工作中,我们根据各试验方法的优劣和规范中的要求,提出以下标准判别检验流程,见图 2-1。

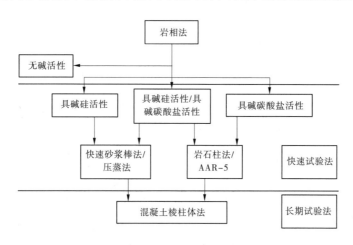

图 2-1　集料碱活性评定试验流程

2.3　三级三步判别方法

通过上述介绍可知,判断集料的碱活性是一件复杂的事情,耗费的时间、人力、费用不少,在重大工程项目的前期决策阶段和小项目中时间和经费都不允许对集料的碱活性进行详细研究,通过对河南省集料碱活性十多年的不断研究,作者总结出了一套对集料碱活性的判别方法,提出了三级三步判别方法:

第一层级是集料碱活性综合评价系统。通过大量研究试验,作者从工程地质学、岩石地层学的角度,对不同类型、不同地层、不同岩性的集料按层次分析法对其进行分类,最后以数理统计学进行评判,建立了集料碱活性综合评价系统。

第二层级是集料碱活性查询系统。查询系统是以大数据处理技术,在翔实的试验资料上建立了混凝土集料碱活性试验数据库,此数据库是一个开放的、共享的平台。在建立数据库的基础上,用 Python 语言开发了碱活性的查询系统,方便工程人员对集料碱活性的快速比对分析,可起到加快工程进度的作用。

第三层级是试验标准判别流程。标准试验流程分为三步,既保证了判断的准确性,也保证了判别的快捷性。可有效、高效地满足工程不同阶段对集料碱活性的要求。为管理、设计部门提供科学、可靠的决策依据。

对集料碱活性判别的三级三步方法是作者对河南省集料碱活性研究长期工作的总结,它自上而下地对河南省混凝土集料的碱活性进行了分类、归纳,是对集料碱活性基础研究的升华。下面的章节先介绍三级三步方法中第三层级对河南省混凝土集料碱活性的具体研究,然后介绍第一层级和第二层级的判别标准,是对整个工作自下而上的梳理。

第 3 章　天然砂砾料

混凝土集料是指在混凝土中起骨架或填充作用的粒状散体材料,分粗集料和细集料。粗集料包括卵石、碎石、废渣等,细集料包括中细砂、粉煤灰等。

粒径大于 4.75 mm 的集料称为粗集料,俗称石。常用的有碎石及卵石两种。碎石是天然岩石或岩石经机械破碎、筛分制成的,其来源主要为灰岩、石英砂岩,部分地区会用花岗岩、安山岩等岩石。卵石是由自然风化、水流搬运和分选、堆积而成的。

粒径在 4.75 mm 以下的集料称为细集料,俗称砂。砂按产源分为天然砂、人工砂两类。天然砂包括河砂、湖砂、山砂和淡化海砂。人工砂是经除土处理的机制砂、混合砂的统称。

为方便统计,本书按集料来源分为天然砂砾料和人工集料,天然砂砾料主要来自于河流流域内,分为砂和卵石。人工砂砾料以天然原岩为集料,绝大部分为灰岩,此外还有石英砂岩、花岗岩、安山岩等岩石。

砂砾石是一种与地貌关系最密切的风化沉积矿产资源。砂砾石的形成必须有原生岩体的破坏(风化作用),破坏产物由于重力的影响沿斜坡向下移动,直到河谷的水平面。在河谷改造过程中,碎屑物质被水流搬运、研磨和沉积。受到风化作用,砂砾石的粒径为 0.075 ~ 60 mm,一般可以形成良好的级配。砂砾石在自然界中分布广泛、储量丰富、开采便利,经常作为水利工程中的混凝土集料。目前河南省砂砾料主要开采流域集中在黄河、沙颍河和淮河流域。河南省北部海河流域开采量较少,为对河南省区域内天然砂砾料的碱活性进行系统研究,现将河南省主要的产料河流从北向南分述如下。

3.1　淇河料场

淇河,位于河南省北部,发源于山西省陵川县方脑岭棋子山,流经河南省辉县市,林州市、鹤壁市淇滨区、淇县、浚县,在浚县刘庄与共产主义渠交汇,属海河流域。

本研究取样地点位于庞村镇西南的淇河河谷下庞村和王滩村附近,2006 年取砂样和砾石样各 23 组检测其碱活性。

砂样粒度分析见表 3-1。砂样、砾石岩相法分析结果分别见表 3-2、表 3-3。下庞村天然砂砾料碱活性试验成果汇总见表 3-4,下庞村天然砾料场碱活性试验成果统计见表 3-5。

表 3-1　砂样粒度分析

试样编号	不同粒径(mm)含量(%)						
	>2.50	1.25	1	0.63	0.315	0.16	<0.16
PK1 – 1	3.3	5.3	0.6	10.8	43.3	21.9	14.6
PK2 – 1	11.1	7.2	0.8	14.5	42.3	13.9	10.2
PK2 – 3	16.7	7.5	0.7	16.8	34.4	12.2	11.7
PK3 – 1	14.8	9.8	0.6	12.2	31.5	17.4	13.7
PK4 – 1	10.3	8.9	0.9	15.7	37.2	16.8	10.2
PK5 – 1	16.9	10.5	1.2	19.4	28.1	11.8	12.1
PK6 – 1	8.9	5.5	0.6	10.8	32.7	22.0	19.5
PK7 – 1	14.4	8.5	1.0	20.8	37.8	11.4	6.2
PK8 – 1	12.4	5.7	0.4	13.0	40.8	14.0	13.7
WTK1 – 1	18.9	11.0	1.4	19.2	23.7	11.4	14.4
WTK2 – 1	17.1	9.6	0.9	16.3	23.3	12.4	20.4
WTK2 – 3	20.2	10.5	0.5	27.6	25.5	5.6	10.1
WTK3 – 1	20.2	9.8	1.1	15.2	24.6	15.1	14.2
WTK3 – 3	13.7	8.6	0.6	16.6	33.5	12.3	14.7
WTK4 – 1	14.5	8.0	0.8	14.7	30.4	17.1	14.5
WTK4 – 3	5.5	4.4	0.3	42.1	34.6	7.7	5.4
WTK5 – 1	6.9	4.8	0.7	14.0	33.1	22.1	18.4
WTK5 – 3	6.1	6.6	0.8	20.1	33.4	14.4	18.6
GZK – 17	20.9	9.4	0.5	18.8	22.0	11.4	17.0
GZK – 18	15.9	9.5	0.5	17.8	30.6	11.3	14.3

表 3-2　砂样岩相法分析结果

试样编号	主要岩性组成		岩相法	综合判别
	岩性类型	含量(%)		
04 – 1	岩屑砂	80	含碱碳酸盐活性成分	含碱碳酸盐活性成分
	石英砂	10 ~ 15	非碱活性	
	长石砂	5 ~ 10	非碱活性	
PK1 – 1	岩屑砂	85 ~ 90	含碱硅酸活性成分	含碱硅酸活性成分
	石英砂	5 ~ 10	非碱活性	
	长石砂	5	非碱活性	
	角闪石、黑云母	少量	非碱活性	

续表 3-2

试样编号	主要岩性组成		岩相法	综合判别
	岩性类型	含量(%)		
PK2 - 1	岩屑砂	95	含碱硅酸活性成分	含碱硅酸活性成分
	长石砂	2 ~ 3	非碱活性	
	石英砂	1 ~ 2	非碱活性	
	角闪石、黑云母	少量	非碱活性	
PK2 - 3	岩屑砂	95	含碱硅酸活性成分	含碱硅酸活性成分
	长石砂	3 ~ 4	非碱活性	
	石英砂	1 ~ 2	非碱活性	
	角闪石、黑云母	少量	非碱活性	
PK3 - 1	岩屑砂	85	含碱硅酸活性成分	含碱硅酸活性成分
	石英砂	5 ~ 10	非碱活性	
	长石砂	4 ~ 5	非碱活性	
	白云石、角闪石、绿帘石及黑云母	1 ~ 2	非碱活性	
PK4 - 1	岩屑砂	85	含碱硅酸活性成分	含碱硅酸活性成分
	石英砂	5 ~ 10	非碱活性	
	长石砂	4 ~ 5	非碱活性	
	白云石、角闪石、绿帘石及黑云母	1 ~ 2	非碱活性	
PK5 - 1	岩屑砂	85	含碱硅酸活性成分	含碱硅酸活性成分
	石英砂	5 ~ 10	非碱活性	
	长石砂	4 ~ 5	非碱活性	
	白云石、角闪石、绿帘石及云母	1 ~ 2	非碱活性	
PK6 - 1	岩屑砂	90	含碱硅酸活性成分	含碱硅酸活性成分
	石英砂	5	非碱活性	
	长石砂	5	非碱活性	
	角闪石、黑云母	少量	非碱活性	
PK7 - 1	岩屑砂	85	含碱硅酸活性成分	含碱硅酸活性成分
	石英砂	5 ~ 10	非碱活性	
	长石砂	4 ~ 5	非碱活性	
	白云石、角闪石、绿帘石及云母	1 ~ 2	非碱活性	

续表 3-2

试样编号	主要岩性组成		岩相法	综合判别
	岩性类型	含量(%)		
PK8-1	岩屑砂	85	含碱硅酸活性成分	含碱硅酸活性成分
	石英砂	5~10	非碱活性	
	长石砂	4~5	非碱活性	
	白云石、角闪石、绿帘石及云母	1~2	非碱活性	
TK-1	岩屑砂	80~85	含碱硅酸、碱碳酸盐活性成分	含碱硅酸、碱碳酸盐活性成分
	长石砂	5~10	非碱活性	
	石英砂	5~10	非碱活性	
	黑云母和角闪石	少量	非碱活性	
GZK-15	岩屑砂	90	含碱硅酸活性成分	含碱硅酸活性成分
	石英砂	5	非碱活性	
	长石砂	5	非碱活性	
	角闪石、黑云母	少量	非碱活性	
WTK1-1	岩屑砂	92~93	含碱硅酸活性成分	含碱硅酸活性成分
	长石砂	5	非碱活性	
	石英砂	2~3	非碱活性	
WTK2-1	岩屑砂	90	含碱硅酸活性成分	含碱硅酸活性成分
	石英砂	5	非碱活性	
	长石砂	5	非碱活性	
WTK2-3	岩屑砂	85~90	含碱硅酸活性成分	含碱硅酸活性成分
	石英砂	5~6	非碱活性	
	长石砂	3~4	非碱活性	
	白云石、角闪石、绿帘石及黑云母	1~2	非碱活性	
WTK3-1	岩屑砂	95	含碱硅酸活性成分	含碱硅酸活性成分
	长石砂	3	非碱活性	
	石英砂	2	非碱活性	
	角闪石、黑云母	少量	非碱活性	

续表 3-2

试样编号	主要岩性组成		岩相法	综合判别
	岩性类型	含量(%)		
WTK3 – 3	岩屑砂	85 ~ 90	含碱硅酸活性成分	含碱硅酸活性成分
	石英砂	6 ~ 7	非碱活性	
	长石砂	3 ~ 4	非碱活性	
	白云石、角闪石、绿帘石及黑云母	1 ~ 2	非碱活性	
WTK4 – 1	岩屑砂	90	含碱硅酸活性成分	含碱硅酸活性成分
	石英砂	5 ~ 6	非碱活性	
	长石砂	4 ~ 5	非碱活性	
	角闪石、黑云母	少量	非碱活性	
WTK4 – 3	岩屑砂	90	含碱硅酸活性成分	含碱硅酸活性成分
	石英砂	5	非碱活性	
	长石砂	5	非碱活性	
	角闪石、黑云母	少量	非碱活性	
WTK5 – 1	岩屑砂	85 ~ 90	含碱硅酸活性成分	含碱硅酸活性成分
	石英砂	5 ~ 10	非碱活性	
	长石砂	4 ~ 5	非碱活性	
	白云石、角闪石、绿帘石及黑云母	1 ~ 2	非碱活性	
WTK5 – 3	岩屑砂	94	含碱硅酸活性成分	含碱硅酸活性成分
	长石砂	2 ~ 3	非碱活性	
	石英砂	2 ~ 3	非碱活性	
	角闪石、黑云母	少量	非碱活性	
GZK – 17	岩屑砂	90	含碱硅酸活性成分	含碱硅酸活性成分
	石英砂	5	非碱活性	
	长石砂	5	非碱活性	
	角闪石、黑云母	少量	非碱活性	
GZK – 18	岩屑砂	85	含碱硅酸活性成分	含碱硅酸活性成分
	石英砂	5 ~ 10	非碱活性	
	长石砂	4 ~ 5	非碱活性	
	白云石、角闪石、黑云母及绿帘石	2 ~ 3	非碱活性	

表 3-3　砾石岩相法分析结果

试样编号	主要岩性组成		岩相法	综合判别
	岩性类型	含量(%)		
WTK1－2	泥晶灰岩	45	不具碱活性	具潜在碱硅酸活性
	白云岩	30	不具碱活性	
	石英岩状砂岩	20	具碱硅酸活性	
	硅质岩	5	具碱硅酸活性	
WTK2－2	石英岩状砂岩	50	具碱硅酸活性	具潜在碱硅酸活性
	亮晶鲕粒灰岩	50	不具碱活性	
WTK2－4	亮晶鲕粒灰岩	55	不具碱活性	
	石英岩状砂岩	45	具潜在碱硅酸活性	
WTK3－2	鲕粒灰岩	50	不具碱活性	具潜在碱硅酸活性
	粉细晶白云岩	30	不具碱活性	
	石英岩状砂岩	20	具碱活性	
WTK3－4	含砂屑生物屑泥晶灰岩	50	不具碱活性	具潜在碱硅酸活性
	亮晶鲕粒灰岩	30	不具碱活性	
	白云岩	15	不具碱活性	
	硅质岩	5	具碱活性	
WTK4－2	含生物屑砂屑泥晶灰岩	60	不具碱活性	具潜在碱硅酸活性
	白云岩	35	具碱活性	
WTK4－4	灰岩	70	不具碱活性	具潜在碱硅酸活性
	石英岩状砂岩	25	具碱活性	
	白云岩	5	具潜在碱硅酸活性	
WTK5－2	白云岩	60	不具碱活性	不具碱活性
	白云石化粉晶砂屑灰岩	40	不具碱活性	
WTK5－4	亮晶鲕粒灰岩	60	不具碱活性	不具碱活性
	白云岩	40	不具碱活性	
PK1－2	灰质白云岩	70	不具碱活性	具潜在碱硅酸、碱碳酸盐活性
	石英岩状砂岩	20～25	具碱硅酸活性	
	白云石化粉细晶灰岩	5～10	具碱碳酸盐活性	

续表 3-3

试样编号	主要岩性组成		岩相法	综合判别
	岩性类型	含量(%)		
PK2-2	白云石化鲕粒灰岩	60~65	不具碱活性	具潜在碱硅酸活性
	粉细晶白云岩	20	不具碱活性	
	石英岩状砂岩	15~20	具潜在碱硅酸活性	
PK2-4	泥晶灰岩	85~90	不具碱活性	具潜在碱硅酸活性
	石英岩状砂岩	10~15	具碱硅活性	
PK3-2	亮晶鲕粒灰岩	80	不具碱硅酸活性	具潜在碱硅酸活性
	石英岩状砂岩	20	具潜在碱硅酸活性	
PK4-2	砂屑灰岩	80	不具碱活性	具潜在碱硅酸活性
	硅化白云岩	20	具碱活性	
PK5-2	亮晶鲕粒灰岩	55	不具碱活性	具潜在碱硅酸活性
	石英岩状砂岩	40	具潜在碱硅酸活性	
	白云岩	5	不具碱活性	
PK6-2	白云岩	45	不具碱活性	具潜在碱硅酸活性
	灰岩	35	不具碱活性	
	石英岩状砂岩	15	具碱硅酸活性	
	硅质岩	5	具碱硅酸活性	
PK7-2	石英岩状砂岩	50	具潜在碱硅酸活性	具潜在碱硅酸活性
	亮晶鲕粒灰岩	50	不具碱活性	
PK8-2	白云石化砂屑鲕粒灰岩	60	不具碱活性	具潜在碱硅酸活性
	石英岩状砂岩	40	具潜在碱硅酸活性	
王滩 GZK-17	鲕粒灰岩	60	具潜在碱硅酸活性	具潜在碱硅酸活性
	石英岩状砂岩	30	具碱硅酸活性	
	白云岩	10	不具碱活性	
王滩 GZK-18	白云石化亮晶鲕粒灰岩	40	不具碱活性	具可疑碱硅酸活性(活性硅约1%)
	泥晶灰岩	30	不具碱活性	
	亮晶鲕粒灰岩	30	具潜在碱硅酸活性	

表 3-4　下庞村天然砂砾料碱活性试验成果汇总

料区	类别	试样编号	岩相法试验结果	快速砂浆棒法膨胀率(%)	压蒸法膨胀率(%)	试验结论
下庞村	砂	04 - 1	含碱碳酸盐活性成分	0.057	—	非碱活性
	砂	PK1 - 1	含碱硅酸活性成分	0.093	—	非碱活性
	砂	PK2 - 1	含碱硅酸活性成分	0.080	—	非碱活性
	砂	PK2 - 3	含碱硅酸活性成分	0.098	—	非碱活性
	砂	PK3 - 1	含碱硅酸活性成分	0.234	—	碱硅活性
	砂	PK4 - 1	含碱硅酸活性成分	0.074	—	非碱活性
	砂	PK5 - 1	含碱硅酸活性成分	0.093	—	非碱活性
	砂	PK6 - 1	含碱硅酸活性成分	0.123	—	疑似碱硅酸活性
	砂	PK7 - 1	含碱硅酸活性成分	0.128	—	疑似碱硅酸活性
	砂	PK8 - 1	含碱硅酸活性成分	0.082	—	非碱活性
王滩	砂	TK - 1	含碱硅酸、碱碳酸盐活性成分	0.051	—	非碱活性
	砂	GZK - 15	含碱硅酸活性成分	0.112	—	疑似碱硅活性
	砂	WTK1 - 1	含碱硅酸活性成分	0.079	—	非碱活性
	砂	WTK2 - 1	含碱硅酸活性成分	0.136	—	疑似碱硅活性
	砂	WTK2 - 3	含碱硅酸活性成分	0.103	—	疑似碱硅活性
	砂	WTK3 - 1	含碱硅酸活性成分	0.094	—	非碱活性
	砂	WTK3 - 3	含碱硅酸活性成分	0.075	—	非碱活性
	砂	WTK4 - 1	含碱硅酸活性成分	0.118	—	疑似碱硅活性
	砂	WTK4 - 3	含碱硅酸活性成分	0.064	—	非碱活性
	砂	WTK5 - 1	含碱硅酸活性成分	0.081	—	非碱活性
	砂	WTK5 - 3	含碱硅酸活性成分	0.138	—	疑似碱硅活性
	砂	GZK - 17	含碱硅酸活性成分	0.090	—	非碱活性
	砂	GZK - 18	含碱硅酸活性成分	0.107	—	疑似碱硅活性
下庞村料区	砾	04 - 1	含碱硅酸活性成分	0.019	—	非碱活性
	砾	PK1 - 2	含碱硅酸、碱碳酸盐活性成分	0.035	0.089	非碱活性
	砾	PK2 - 2	含碱硅酸活性成分	0.041	—	非碱活性
	砾	PK2 - 4	含碱硅酸活性成分	0.066	—	非碱活性
	砾	PK3 - 2	含碱硅酸活性成分	0.146	—	疑似碱硅活性
	砾	PK4 - 2	含碱硅酸活性成分	0.133	—	疑似碱硅活性
	砾	PK5 - 2	含碱硅酸活性成分	0.120	—	疑似碱硅活性
	砾	PK6 - 2	含碱硅酸活性成分	0.042	—	非碱活性
	砾	PK7 - 2	含碱硅酸活性成分	0.049	—	非碱活性
	砾	PK8 - 2	含碱硅酸活性成分	0.116	—	疑似碱硅活性

续表 3-4

料区	类别	试样编号	岩相法试验结果	快速砂浆棒法膨胀率（%）	压蒸法膨胀率（%）	试验结论
王滩料区	砾	TK-1	含碱硅酸活性成分	0.110	—	疑似碱硅活性
	砾	GZK-15	含碱硅酸、碱碳酸盐活性成分	0.050	0.028	非碱活性
	砾	WTK1-2	含碱硅酸活性成分	0.029	—	非碱活性
	砾	WTK2-2	含碱硅酸活性成分	0.040	—	非碱活性
	砾	WTK2-4	含碱硅酸活性成分	0.079	—	非碱活性
	砾	WTK3-2	含碱硅酸活性成分	0.065	—	非碱活性
	砾	WTK3-4	含碱硅酸活性成分	0.217	—	碱硅活性
	砾	WTK4-2	含碱硅酸活性成分	0.075	—	非碱活性
	砾	WTK4-4	含碱硅酸活性成分	0.037	—	非碱活性
	砾	WTK5-2	不含碱活性成分	—	—	非碱活性
	砾	WTK5-4	不含碱活性成分	—	—	非碱活性
	砾	GZK-17	含碱硅酸活性成分	0.085	—	非碱活性
	砾	GZK-18	含碱硅酸活性成分	0.036	—	非碱活性

表 3-5　下庞村天然砂砾料场碱活性试验成果统计

料场	类别	料区	试验组数	组数			碱活性判别	综合判别
				膨胀率 >0.20%	膨胀率为0.10%~0.20%	膨胀率 <0.10%		
下庞村天然砂砾料	砂	下庞村	10	1	2	7	碱硅酸反应活性	碱硅酸反应活性
	砾	王滩	10	0	4	6	疑似碱硅酸反应活性	
	砂	下庞村	13	0	6	7	疑似碱硅酸反应活性	碱硅酸反应活性
	砾	王滩	13	1	1	11	碱硅酸反应活性	
合计			46	2	13	31		

3.2　卫河料场

卫河,因春秋时卫地得名,是由古代的白沟、永济渠、御河演变而来,发源于山西太行山脉,流经河南新乡、鹤壁、安阳,沿途接纳淇河、安阳河等,至河北大名县营镇乡西北与漳河汇合称漳卫河,属海河流域。

本研究取样地点位于辉县市洪洲乡北约 1.5 km 的段庄村周围,属卫河流域。

段庄天然砾石料碱活性试验成果汇总如表 3-6 所示。

表 3-6　段庄天然砾石料碱活性试验成果汇总

试样编号	主要岩性组成		岩相法	综合判别
	岩性类型	含量(%)		
DZ04 - 1	鲕粒白云质灰岩	58	非碱活性集料	非碱活性集料
	石英砂岩	36	具潜在碱硅活性	
	片麻岩	6	非碱活性集料	
DZ06 - 1 - 1	粉晶灰岩	65	不具碱活性	非碱活性集料
	石英岩状砂岩	26	具潜在碱硅活性	
	片麻岩	9	具潜在碱硅活性	
DZ06 - 1 - 2	含生物粉晶灰岩	52	不具碱活性	非碱活性集料
	石英岩状砂岩	35	具潜在碱硅活性	
	片麻岩	13	具潜在碱硅活性	
DZ06 - 2 - 1	粉细白云岩	49	不具碱活性	非碱活性集料
	石英岩状砂岩	24	具潜在碱硅活性	
	片麻岩	27	具潜在碱硅活性	
DZ06 - 2 - 2	粉细白云岩	48	不具碱活性	非碱活性集料
	石英岩状砂岩	17	具潜在碱硅活性	
	片麻岩	35	具潜在碱硅活性	
DZ06 - 3 - 1	白云石化亮晶鲕粒灰岩	49	不具碱硅活性	非碱活性集料
	石英岩状砂岩	16	具潜在碱硅活性	
	片麻岩	35	具潜在碱硅活性	
DZ06 - 3 - 2	白云石化亮晶鲕粒灰岩	39	不具碱硅活性	非碱活性集料
	石英岩状砂岩	45	具潜在碱硅活性	
	片麻岩	16	具潜在碱硅活性	
DZ06 - 4 - 1	白云石化亮晶鲕粒灰岩	50	不具碱活性	非碱活性集料
	石英砂岩	18	具潜在碱硅活性	
	片麻岩	32	具潜在碱硅活性	
DZ06 - 4 - 2	细 - 中晶白云岩	51	不具碱活性	非碱活性集料
	石英岩状砂岩	23	具潜在碱硅活性	
	斜长角闪岩	26	具潜在碱硅活性	
DZ06 - 5 - 1	强白云石化亮晶鲕粒灰岩	44	不具碱活性	非碱活性集料
	石英砂岩	20	具潜在碱硅活性	
	片麻岩	36	具潜在碱硅活性	

续表 3-6

试样编号	主要岩性组成		岩相法	综合判别
	岩性类型	含量(%)		
DZ06－5－2	亮晶鲕粒灰岩	51	具潜在碱硅活性	非碱活性集料
	石英岩状砂岩	30	具可疑碱硅活性	
	片麻岩	19	不具碱活性	
DZ06－6－1	鲕粒白云岩	70	不具碱活性	非碱活性集料
	石英砂岩	16	具潜在碱硅活性	
	片麻岩	14	具潜在碱硅活性	
DZ06－6－2	鲕粒白云岩	66	不具碱活性	非碱活性集料
	含海绿石石英砂岩	20	具潜在碱硅活性	
	片麻岩	14	具潜在碱硅活性	
DZ06－7－1	鲕粒白云岩	54	不具碱活性	非碱活性集料
	石英岩状砂岩	18	具潜在碱硅活性	
	片麻岩	28	具潜在碱硅活性	
DZ06－7－2	细晶白云岩	61	不具碱活性	非碱活性集料
	含海绿石石英砂岩	23	具潜在碱硅活性	
	片麻岩	16	具潜在碱硅活性	
DZ06－8－1	细晶白云岩	50	具潜在碱硅活性	非碱活性集料
	石英岩状砂岩	19	具潜在碱硅活性	
	片麻岩	31	具潜在碱硅活性	

段庄砂料碱活性试验成果如表 3-7 所示。

表 3-7 段庄砂料碱活性试验成果

岩性	试样编号	取样深度（m）	岩相法结果	砂浆长度法膨胀率(%)	碱活性判别	单掺低钙粉煤灰抑制碱活性试验结论
砂	DZ06 - 1	0 ~ 4.0	含碱硅活性成分	0.081	非活性集料	
		4.0 ~ 10.0	含碱硅活性成分	0.084	非活性集料	
	DZ06 - 2	0 ~ 4.0	含碱硅活性成分	0.101	潜在活性集料	抑制碱硅反应有效
		4.0 ~ 10.0	含碱硅活性成分	0.077	非活性集料	
	DZ06 - 3	0 ~ 4.0	含碱硅活性成分	0.067	非活性集料	
		4.0 ~ 10.0	含碱硅活性成分	0.072	非活性集料	
	DZ06 - 4	0 ~ 4.0	含碱硅活性成分	0.089	非活性集料	
		4.0 ~ 10.0	含碱硅活性成分	0.080	非活性集料	
	DZ06 - 5	0 ~ 4.0	含碱硅活性成分	0.075	非活性集料	
		4.0 ~ 10.0	含碱硅活性成分	0.060	非活性集料	
	DZ06 - 6	0 ~ 4.0	含碱硅活性成分	0.058	非活性集料	
		4.0 ~ 10.0	含碱硅活性成分	0.086	非活性集料	
	DZ06 - 7	0 ~ 4.0	含碱硅活性成分	0.068	非活性集料	
		4.0 ~ 10.0	含碱硅活性成分	0.078	非活性集料	
	DZ06 - 8	0 ~ 4.0	含碱硅活性成分	0.069	非活性集料	
		4.0 ~ 10.0	含碱硅活性成分	0.076	非活性集料	
	DZ06 - 9	0 ~ 4.0	含碱硅活性成分	0.076	非活性集料	
		4.0 ~ 10.0	含碱硅活性成分	0.085	非活性集料	
	DZ06 - 10	0 ~ 4.0	含碱硅活性成分	0.094	非活性集料	抑制碱硅反应有效
		4.0 ~ 10.0	含碱硅活性成分	0.081	非活性集料	
	DZ06 - 11	0 ~ 4.0	含碱硅活性成分	0.091	非活性集料	抑制碱硅反应有效
		4.0 ~ 10.0	含碱硅活性成分	0.091	非活性集料	抑制碱硅反应有效
	DZ06 - 12	0 ~ 4.0	含碱硅活性成分	0.081	非活性集料	
		4.0 ~ 10.0	含碱硅活性成分	0.087	非活性集料	

段庄砾料碱活性试验成果如表 3-8 所示。

表 3-8　段庄砾料碱活性试验成果

岩性	试样编号	取样深度（m）	岩相法结果	砂浆长度法膨胀率（%）	混凝土棱柱体法膨胀率（%）	碱活性判别
砾石	DZ06-1	0～4.0	含碱硅活性成分	0.094		非碱活性集料
		4.0～10.0	含碱硅活性成分	0.079		非碱活性集料
	DZ06-2	0～4.0	含碱硅活性成分	0.061		非碱活性集料
		4.0～10.0	含碱硅活性成分	0.081		非碱活性集料
	DZ06-3	0～4.0	含碱硅活性成分	0.061		非碱活性集料
		4.0～10.0	含碱硅活性成分	0.051		非碱活性集料
	DZ06-4	0～4.0	含碱硅活性成分	0.093		非碱活性集料
		4.0～10.0	含碱硅活性成分	0.047		非碱活性集料
	DZ06-5	0～4.0	含碱硅活性成分	0.075		非碱活性集料
		4.0～10.0	含碱硅活性成分	0.082		非碱活性集料
	DZ06-6	0～4.0	含碱硅活性成分	0.065		非碱活性集料
		4.0～10.0	含碱硅活性成分	0.047		非碱活性集料
	DZ06-7	0～4.0	含碱硅活性成分	0.045		非碱活性集料
		4.0～10.0	含碱硅活性成分	0.069		非碱活性集料
	DZ06-8	0～4.0	含碱硅活性成分	0.055		非碱活性集料
		4.0～10.0	含碱硅活性成分	0.049		非碱活性集料
	DZ06-9	0～4.0	含碱硅活性成分	0.036		非碱活性集料
			含碱碳酸盐活性成分		0.055	非碱活性集料
		4.0～10.0	含碱硅活性成分	0.049		非碱活性集料
	DZ06-10	0～4.0	含碱硅活性成分	0.058		非碱活性集料
		4.0～10.0	含碱硅活性成分	0.046		非碱活性集料
	DZ06-11	0～4.0	含碱硅活性成分	0.073		非碱活性集料
		4.0～10.0	含碱硅活性成分	0.040		非碱活性集料
	DZ06-12	0～4.0	含碱硅活性成分	0.040		非碱活性集料
			含碱碳酸盐活性成分		0.057	非碱活性集料
		4.0～10.0	含碱硅活性成分	0.049		非碱活性集料

先后共取样砂、砾各25组送北京国家建筑材料工业地质工程勘查研究院测试中心进行了碱活性试验,最终试验结果表明:料场砂料部分具有疑似碱硅酸活性,砾石均为非碱活性集料。

3.3　黄河料场

　　黄河天然砂砾料的样本取自小浪底水库,小浪底水库在建设时对集料的碱活性做了大量工作,对取自连地滩、马粪滩的集料,按不同粒级进行了岩石成分及含量检测。

　　连地滩 5～19 mm 粒径卵石的岩石组成及含量如表 3-9 所示。

表 3-9　连地滩 5～19 mm 粒径卵石的岩石组成及含量　　　　　　　　　（%）

检测日期 （年·月）	试验 序号	玄武岩	流纹岩	安山岩	石英砂岩	长石砂岩	石英岩	辉绿岩	片麻岩
1998.1	1	21.5	2.2	2.6	40.1	24.2	3	3.9	2.5
1998.1	2	31.3	2.7	3.7	35.2	19.1	2.4	3.3	2.3
1998.1	3	24.9	4.9	1.7	36.4	20.3	4.6	6.2	1.0
1998.1	4	36.9	3.4	2.7	28.1	21.2	0.7	5.3	1.7
1998.1	5	26.82	4.4	2.65	35.4	22.07	—	7.16	1.5
1998.1	6	20.7	4.6	3.8	31.6	25.5	5.1	5.9	2.8
平均		27.02	3.7	2.86	34.47	22.06	2.63	5.29	1.97
1998.10	1	31.90	0.8	2.2	39.60	17.3	4	4.2	—
1998.10	2	32	1.70	1.80	40.50	16.7	3.2	4.10	—
1998.10	3	41.0	1.50	2.10	33.00	13.00	2.50	6.90	—
1998.10	4	36.70	1.30	2.50	38.00	14.40	2.10	5.00	—
1998.10	5	44.50	1.90	2.70	28.00	13.50	4.20	4.80	—
1998.10	6	41.20	1.80	2.60	34.30	9.50	2.60	8.00	—
平均		37.9	1.50	2.32	35.57	14.07	3.10	5.50	—
1999.7	1	31.37	1.64	0.63	45.28	8.43	2.26	2.39	—
1999.7	2	38.98	2.22	1.46	42.23	8.93	2.11	4.07	—
1999.7	3	34.68	2.13	2.67	32.01	20.45	4.19	3.87	—
平均		35.01	2.00	1.59	39.84	12.60	2.85	3.44	—

　　连地滩 19～38 mm 粒径卵石的岩石组成及含量如表 3-10 所示。

表 3-10　连地滩 19~38 mm 粒径卵石的岩石组成及含量　　　　　　（%）

检测日期（年·月）	试验序号	玄武岩	流纹岩	安山岩	石英砂岩	长石砂岩	石英岩	辉绿岩	片麻岩
1998.1	1	27.86	2.10	1.19	31.50	22.26	8.52	6.40	0.17
1998.1	2	11.78	2.43	2.36	31.25	19.50	18.57	5.82	0.29
1998.1	3	23.88	1.26	1.04	34.62	23.07	10.7	4.56	0.80
1998.1	4	29.10	1.78	2.26	30.20	20.14	6.23	8.97	1.32
1998.1	5	33.70	1.22	1.01	30.67	20.44	4.07	5.93	2.96
1998.1	6	26.82	4.40	2.65	30.48	22.99	4.00	8.66	—
平均		25.52	2.20	1.75	31.45	21.40	8.69	6.72	0.94
1998.10	1	32.30	1.11	0.78	36.95	14.18	2.23	12.40	—
1998.10	2	28.79	1.38	0.39	50.38	12.96	3.61	2.49	—
1998.10	3	37.11	1.04	0.74	32.99	18.96	5.49	3.67	—
1998.10	4	36.07	1.94	2.27	29.79	15.24	7.01	7.68	—
1998.10	5	27.75	0.63	1.13	46.25	14.50	5.56	4.00	—
1998.10	6	37.45	1.48	3.24	38.87	12.11	3.72	3.13	—
平均		33.24	1.26	1.42	39.21	14.66	4.61	5.56	—
1999.7	1	29.68	1.30	0.83	47.76	14.97	1.92	3.54	—
1999.7	2	25.08	2.45	1.36	48.14	11.73	6.26	4.99	—
1999.7	3	33.34	1.84	0.89	40.77	11.32	4.40	7.44	—
1999.7	4	25.32	1.39	0.61	50.65	10.43	3.39	8.21	—
1999.7	5	28.57	1.52	0.97	50.00	12.00	1.68	5.26	—
1999.7	6	28.31	2.84	1.79	46.25	12.36	3.51	4.94	—
平均		28.38	1.89	1.10	47.26	12.14	3.53	5.73	—

连地滩 38~63 mm 粒径卵石的岩石组成及含量如表 3-11 所示。

表 3-11　连地滩 38~63 mm 粒径卵石的岩石组成及含量　　　　　（%）

检测日期 （年·月）	试验 序号	玄武岩	流纹岩	安山岩	石英砂岩	长石砂岩	石英岩	辉绿岩	片麻岩
1998.1	1	26.84	0.89	3.03	35.53	28.16	—	5.55	—
1998.1	2	18.10	4.28	3.70	35.06	35.34	1.46	2.06	—
1998.1	3	18.11	5.8	2.68	35.98	21.43	2.70	5.30	—
1998.1	4	26.74			37.46	30.65	—	3.15	
1998.1	5	23.91	0.61	0.61	38.20	31.30	—	4.44	0.93
1998.1	6	17.05	3.08	0.85	39.07	31.96	4.20	3.79	—
平均		21.79	2.61	1.98	36.88	29.81	1.39	4.04	0.16
1998.10	1	32.83	1.22	3.57	25.79	28.42	—	8.17	—
1998.10	2	26.48	2.85	3.12	33.07	22.18	—	12.3	—
1998.10	3	33.17	2.34	0.20	36.33	25.06		2.90	
1998.10	4	15.32	—	1.34	47.82	28.74	0.70	6.26	
1998.10	5	21.34	4.20	2.55	40.17	15.75	7.07	8.92	—
1998.10	6	26.19	5.72	4.00	42.76	8.24	5.69	7.40	—
1998.10	7	21.53	4.60	0.79	45.57	13.32	4.80	8.17	1.22
平均		25.27	2.99	2.22	38.79	20.24	2.58	7.73	0.17
1999.7	1	18.50	5.34	0.66	52.00	17.70	5.29	0.51	
1999.7	2	34.40	2.53	2.46	42.69	12.78	1.40	3.74	
1999.7	3	31.69	0.57	2.34	47.60	11.90	3.71	2.19	
1999.7	4	30.17	1.57	2.36	45.89	15.52	2.69	1.80	—
1999.7	5	31.72	1.98	3.40	39.85	13.56	5.53	3.96	—
1999.7	6	18.57	1.16	1.56	54.97	15.60	5.23	2.91	—
平均		27.51	2.19	2.13	47.17	14.51	3.97	2.52	—

马粪滩 5～20 mm 粒径卵石的岩石组成及含量如表 3-12 所示。

表 3-12　马粪滩 5～20 mm 粒径卵石的岩石组成及含量　　　　　　（%）

检测日期 （年·月）	试验 序号	玄武岩	流纹岩	安山岩	石英岩	长石砂岩	石英砂岩	辉绿岩	片麻岩
1998.1	1	41.6	2.2	1.3	2.0	18.5	25.1	8.2	1.1
1998.1	2.0	38.4	2.0	1.8	2.6	17.8	28.3	7.7	1.4
1998.1	3	40.0	2.1	1.6	2.3	18.2	26.7	7.9	1.2
平均		40.0	2.1	1.57	2.3	18.17	26.7	7.93	1.23

马粪滩 20～40 mm 粒径卵石的岩石组成及含量见表 3-13 所示。

表 3-13　马粪滩 20～40 mm 粒径卵石的岩石组成及含量　　　　　　（%）

检测日期 （年·月）	试验 序号	玄武岩	流纹岩	安山岩	石英岩	长石砂岩	石英砂岩	辉绿岩	片麻岩
1998.1	1	31.67	2.08	1.36	4.39	15.38	32.58	10.86	1.68
1998.1	2	30.22	1.29	0.65	6.99	19.10	28.42	12.08	1.25
1998.1	3	27.45	0.87	0.31	4.14	20.28	37.67	7.84	1.44
平均		29.78	1.41	0.77	5.17	18.25	32.89	10.26	1.46

马粪滩 40～80 mm 粒径卵石的岩石组成及含量如表 3-14 所示。

表 3-14　马粪滩 40～80 mm 粒径卵石的岩石组成及含量　　　　　　（%）

检测日期 （年·月）	试验 序号	玄武岩	流纹岩	安山岩	石英岩	长石砂岩	石英砂岩	辉绿岩	片麻岩
1998.1	1	27.15	0.98	—	4.52	22.63	33.28	11.40	—
1998.1	2	28.02	0.67	1.40	2.59	19.73	36.62	9.14	1.83
1998.1	3	18.06	1.66	2.12	4.18	30.40	35.59	7.99	—
平均		24.41	1.10	1.17	3.76	24.25	35.16	9.51	0.66

卵石的岩相法鉴定结果如表 3-15 所示。

砂的岩相法鉴定结果如表 3-16 所示。

从试验结果可以看出，集料中普遍含有碱活性岩石，主要是流纹岩、安山岩、玄武岩及石英砂岩。玄武岩的活性成分主要为充填于岩石气孔中或分布于斜长石间的次生微晶石英及玉髓，以及基质中的微晶长石。流纹岩和安山岩中的基质已脱玻化，其活性可能为高温变晶石英和基质中的微晶长石，相对于火山玻璃来说，它们的活性都不太高，石英砂岩中的活性成分主要是微晶石英。连地滩粗砂中含有 35% 的安山岩屑、玄武岩屑、流纹岩屑及硅质岩屑，活性成分含量很高，具有碱活性。马粪滩粗砂中有近 40% 的活性成分，也具有碱活性。

表 3-15　卵石的岩相法鉴定结果

试样编号	取样地点	主要矿物成分	结构、构造	岩石定名
98 – 1	连地滩	斜长石 82%、辉石 5%、绿泥石 5%、磁铁矿 3%、绢云母 2%、石英 1%、玉髓 0.5%	斑状结构 杏仁状构造	杏仁状 玄武岩
98 – 2	连地滩	斜长石 66% ~ 69%、绿泥石 15% ~ 20%、透辉石 5% ~ 10%、绿帘石 3% ~ 5%、玉髓 1% ~ 2%、石英 0.5%	间粒结构 杏仁状构造	绿泥石化 杏仁状 玄武岩
98 – 3	连地滩	钾长石 47% ~ 52%、斜长石 20%、石英 20% ~ 25%、绿泥石 1%、绢云母 1%、方解石 3%、赤铁矿 2%	斑状结构 块状构造	流纹岩
98 – 4	连地滩	钾长石 35% ~ 40%、斜长石 25%、石英 30% ~ 35%、绿泥石 2%、绢云母 1%、赤铁矿 1%、高岭石 1%	斑状结构 块状构造	流纹岩
98 – 5	连地滩	斜长石 72%、绿帘石 15%、石英 3%、绿泥石 3%、绢云母 2%、方解石 1%、赤铁矿 3%	斑状结构 杏仁状构造	安山岩
98 – 6	连地滩	斜长石 66%、石英石 5%、绿泥石 15%、方解石 3%、玉髓 3% ~ 5%、赤铁矿 3%、磁铁矿 1%	斑状结构 杏仁状构造	安山岩
98 – 7	连地滩	斜长石 68%、绿泥石 15% ~ 20%、方解石 5% ~ 10%、赤铁矿 4%、绿帘石 1.0%、玉髓 1%、磁铁矿 1%	交织结构 杏仁状构造	绿泥石化 玄武岩
98 – 8	连地滩	斜长石 40%、阳起石 40%、绿泥石 10%、绿帘石 5%、绢云母 2%、黑云母 1%、白钛石 1% ~ 2%	变余嵌晶 含长结构	蚀变辉绿岩
98 – 9	连地滩	角闪石 60%、绿帘石 – 黝帘石 30%、斜长石 5%、石英 1% ~ 2%、钾长石 1%、白钛石 1%	变余嵌晶 含长结构	蚀变辉绿岩
98 – 10	连地滩	石英 92%、赤铁矿 3%、高岭石 2%、水云母 0.5%、白云母 0.5%、硅质岩屑 0.2%、玉髓 0.1%	中细粒砂状结构 再生长式胶结	石英砂岩
98 – 11	连地滩	石英 99%、绢云母 0.5%、白云母 0.1%	半自形 柱状结构	石英岩
98 – 12	连地滩	石英 32%、钾长石 25% ~ 30%、绢云母 25% ~ 30%、斜长石 5%、赤铁矿 3%、磁铁矿 2%	斑状结构 流纹构造	硅化绢云母化 流纹岩

续表 3-15

试样编号	取样地点	主要矿物成分	结构、构造	岩石定名
98－13	连地滩	石英46%，钾长石45%，斜长石5%，绢云母、白云母1%，褐铁矿1%，磁铁矿1%	砂状结构	长石砂岩
98－14	连地滩	石英50%、钾长石42%、斜长石4%、赤铁矿1%、水云母<1%	砂状结构	长石砂岩
98－15	连地滩	石英85%、钾长石9%、斜长石3%、水云母0.5%、赤铁矿1%	砂状结构 再生长式胶结	石英砂岩
98－16	连地滩	斜长石56%、石英15%、绿泥石15%、磁铁矿10%、玉髓1%、白钛石2%、赤铁矿1%	球状结构 杏仁状构造	杏仁状玄武岩
98－17	连地滩	石英97%、硅质岩屑1%、水云母1%	砂状结构	再生长式胶结石英砂岩
98－18	连地滩	角闪石80%～84%、斜长石10%～15%、石英3%、白钛石1%～2%	纤维状变晶结构	斜长角闪岩
98－19	连地滩	斜长石68%～71%、辉石10%～15%、绢云母6%、蛇纹石5%、绿泥石3%～5%、石英1%	变余斑状结构 杏仁状构造	蚀变杏仁状玄武岩
98－20	连地滩	石英63%、钾长石15%、绿泥石20%、白钛石1%	变玻璃结构、球粒结构，珍珠构造	珍珠岩
98－29	马粪滩	石英38%、钾长石37%、斜长石18%、方解石3%、高岭石1%、赤铁矿1%	斑状结构	流纹岩
98－30	马粪滩	斜长石78%～83%、石英2%～3%、绿泥石5%～10%、绿帘石2%～5%、赤铁矿3%～5%、钾长石1%	斑状结构 杏仁状构造	杏仁状安山岩
98－31	马粪滩	石英96%～97%、赤铁矿2%～3%	细粒砂状结构	石英砂岩
98－32	马粪滩	安山岩碎屑34%～38%、流纹岩碎屑10%、玄武岩碎屑2%～5%、石英砂岩碎屑5%、石英20%、高岭石15%、绢云母5%、玉髓1%、粉砂岩屑1%～2%	火山角砾结构	火山角砾岩
98－33	马粪滩	钾长石43%、斜长石17%、石英35%、白云母1%、绿泥石1%、绢云母0.5%	花岗变晶结构	钾长浅粒岩
98－34	马粪滩	角闪石65%、绿帘石28%、斜长石5%、白钛石1%	变余嵌晶含长结构	斜长角闪岩

表 3-16　砂的岩相法鉴定结果

试样编号	取样地点	矿物成分
98-35	连地滩粗砂	石英砂岩岩屑 42%、玄武岩屑 17%、安山岩屑 15%、辉绿岩屑 13%、石英岩屑 5%、钙质砂岩屑 2%、流纹岩屑 2%、硅质岩屑 1%、变粒岩屑 1%、石英 1%、石灰岩屑 0.2%、钾长石 0.5%、斜长石 0.2%
98-36	连地滩细砂	石英 55%、钾长石 15%、斜长石 10%、安山岩屑 5%、玄武岩屑 4%、辉绿岩屑 4%、流纹岩屑 1%、石英砂岩屑 1%、硅质岩屑 1%、钙质砂岩屑 0.5%、粉砂岩屑 0.1%、石灰岩屑 0.2%、白云岩屑 0.2%、透闪石岩屑 0.1%、石英岩屑 0.2%、石榴石 0.5%、方解石 0.5%、赤铁矿 0.3% 等
98-37	马粪滩粗砂	石英砂岩屑 47%、玄武岩屑 15%～20%、辉绿岩屑 10%、安山岩屑 15%～20%、流纹岩屑 2%、石灰岩屑 1%、硅质岩屑 1%、钙质长石砂岩屑 1%、石英砂岩屑 1%、石英 1%、长石 0.2%、角闪石 0.2%、赤铁矿 0.2%、磁铁矿 0.1%
98-38	马粪滩细砂	石英 47%～52%、钾长石 20%、斜长石 15%～20%、石英砂岩屑 2%、安山岩屑 2%、流纹岩屑 0.5%、玄武岩屑 0.5%～1%、硅质岩屑 1%～2%、石灰岩屑 1%、白云岩屑 0.2%、角闪石 1%、石榴石 0.5%、绿帘石 0.5%、黑云母 0.3%、磁铁矿 0.5%、赤铁矿 0.5%、辉石 0.2%、方解石 1%

　　按《砂、石碱活性快速试验方法》(CECS 48:93)进行压蒸法快速法试验,试验结果见表 3-17。试验结果表明,流纹岩、安山岩、玄武岩具有潜在危害性的碱活性。

表 3-17　压蒸法快速法试验结果

试样编号	取样地点	岩样名称	试件膨胀率(%)	结果评定
98-1	连地滩	杏仁状玄武岩	0.089	非活性
98-2	连地滩	绿泥石化杏仁状玄武岩	0.090	非活性
		玄武岩	0.101	活性
98-4	连地滩	流纹岩	0.085	非活性
98-29	马粪滩	流纹岩	0.089	非活性
	连地滩	流纹岩(大样)	0.136	活性
98-5	连地滩	安山岩	0.119	活性
98-30	马粪滩	杏仁状安山岩	0.101	活性
	连地滩	安山岩(大样)	0.131	活性
98-11	连地滩	石英岩	0.026	非活性
		石英岩(大样)	0.068	非活性
98-17	连地滩	长石砂岩	0.065	非活性
		长石砂岩	0.031	非活性
		长石砂岩(大样)	0.067	非活性
		石英砂岩	0.058	非活性

续表 3-17

试样编号	取样地点	岩样名称	试件膨胀率（%）	结果评定
98－15	连地滩	石英砂岩	0.070	非活性
		石英砂岩（大样）	0.088	非活性
98－33	马粪滩	钾长浅粒岩	0.034	非活性
		石英砂	0.036	非活性
	连地滩	粗砂	0.100	活性
		细砂	0.084	非活性
	马粪滩	粗砂	0.103	活性
		细砂	0.083	非活性

按美国材料试验学会制定的《骨料的潜在碱活性测试方法标准》（ASTM C1260—94）进行快速砂浆棒法试验,试验结果见表 3-18。试验结果表明,流纹岩、安山岩、玄武岩及石英砂岩具有潜在危害性的碱活性。当掺入 20% 粉煤灰后,砂浆棒的膨胀率降低了 87%。掺入 40% 粉煤灰后,砂浆棒基本不膨胀,这说明粉煤灰对具有危害性的碱集料反应有抑制作用。

表 3-18　快速砂浆棒法试验结果

试样编号	水泥及掺合料	集料组成	试件膨胀率（%）			结果评定
			3 d	7 d	14 d	
98－51	洛阳 525R 普通水泥	石英砂岩 35%、长石砂岩 30%、玄武岩 25%、石英岩 5%、流纹岩 3%、安山岩 2%	0.028	0.118	0.279	活性
98－52	三峡中热水泥	石英砂岩 35%、长石砂岩 30%、玄武岩 25%、石英岩 5%、流纹岩 3%、安山岩 2%	0.028	0.114	0.253	活性
98－53	洛阳 525R 普通水泥掺粉煤灰 20%、硅粉 6%、VZ* 0.5%	石英砂岩 35%、长石砂岩 30%、玄武岩 25%、石英岩 5%、流纹岩 3%、安山岩 2%	0.014	0.020	0.032	非活性
98－54	三峡中热水泥掺粉煤灰 20%、硅粉 6%、VZ 0.5%	石英砂岩 35%、长石砂岩 30%、玄武岩 25%、石英岩 5%、流纹岩 3%、安山岩 2%	0.008	0.015	0.018	非活性
98－55	洛阳 525R 普通水泥掺粉煤灰 30%	石英砂岩 35%、长石砂岩 30%、玄武岩 25%、石英岩 5%、流纹岩 3%、安山岩 2%	0.008	0.014	0.019	非活性

续表 3-18

试样编号	水泥及掺合料	集料组成	试件膨胀率(%)			结果评定
			3 d	7 d	14 d	
98－56	三峡中热水泥掺粉煤灰30%	石英砂岩35%、长石砂岩30%、玄武岩25%、石英岩5%、流纹岩3%、安山岩2%	0.005	0.011	0.014	非活性
98－57	洛阳525R普通水泥掺粉煤灰40%	石英砂岩35%、长石砂岩30%、玄武岩25%、石英岩5%、流纹岩3%、安山岩2%	0.001	0.001	0.005	非活性
98－58	三峡中热水泥掺粉煤灰40%	石英砂岩35%、长石砂岩30%、玄武岩25%、石英岩5%、流纹岩3%、安山岩2%	0	0.001	0.005	非活性
98－59	洛阳525R普通水泥	流纹岩100%	0.048	0.226	0.444	活性
98－60	三峡中热水泥	流纹岩100%	0.039	0.194	0.375	活性
98－61	洛阳525R普通水泥	玄武岩100%	0.010	0.098	0.297	活性
98－62	三峡中热水泥	玄武岩100%	0.008	0.085	0.276	活性
98－63	洛阳525R普通水泥	安山岩100%	0.024	0.146	0.393	活性
98－64	三峡中热水泥	安山岩100%	0.020	0.129	0.345	活性
98－65	洛阳525R普通水泥	石英砂100%	0.011	0.030	0.047	非活性
98－66	三峡中热水泥	石英砂100%	0.010	0.028	0.044	非活性
98－67	三峡中热水泥	石英岩100%	0.028	0.080	0.151	可疑
98－68	三峡中热水泥	长石砂岩100%	0.030	0.104	0.183	可疑
98－69	洛阳525R普通水泥	石英砂岩100%	0.048	0.160	0.286	活性
98－70	三峡中热水泥	石英砂岩100%	0.044	0.150	0.265	活性
98－71	三峡中热水泥	连地滩粗砂	0.029	0.126	0.271	活性
98－72	三峡中热水泥	连地滩细砂	0.013	0.065	0.152	可疑

注:VZ指一种水泥基材料。

3.4　北汝河料场

北汝河,民间俗称汝河,位于河南省南部的洪河支流汝河区域,一般称"北汝河"。发源于河南省嵩县车村镇栗树街村北分水岭擦擦沟,流经汝阳县、汝州市、郏县、宝丰县、襄城县、叶县六个县(市),在襄城县丁营乡汇入沙河。

本研究分别对北汝河流域宝丰县大边庄和汝阳县前坪村天然砂砾料进行取样研究。

大边庄取样地点位于宝丰县大边庄与郏县马头张之间。2004 年、2007 年分别取砂样和砾石样 3 组进行碱活性判别。大边庄天然砾石料碱活性岩相法试验成果汇总如表 3-19 所示,大边庄天然砾石料碱活性试验成果汇总如表 3-20 所示。

表 3-19　大边庄天然砾石料碱活性岩相法试验成果汇总

试样岩性	主要岩性组成		岩相法	综合判别
	岩性类型	含量(%)		
砾石	花岗闪长斑岩	53	非活性	具潜在碱硅活性
	石英砂岩	41	具潜在碱硅活性	
	硅质岩	6	具潜在碱硅活性	
砂	岩屑砂	40	具碱硅活性	具碱硅活性
	长石砂	40	非活性	
	石英砂	20	非活性	

表 3-20　大边庄天然砾石料碱活性试验成果汇总

取样地点	集料岩性	快速砂浆棒法		压蒸法	
		膨胀率(%)	碱活性	膨胀率(%)	碱活性
大边庄	砂	0.227	活性	0.178	活性
	砾石	0.225	活性	0.156	活性

前坪砂砾料样本取自于北汝河干流上游,河南省汝阳县城以西 9 km 的前坪村附近。2012 年取砂样和砾石样各 3 组进行碱活性检查。前坪试验集料清单如表 3-21 所示。

表 3-21　前坪试验集料清单

样品编号	集料名称	取样地点	数量
QPJ-1	砾料(砾石)	西沟—鸭兰沟	1 袋(约 35 kg)
QPJ-2	砂料(天然河砂)	西沟—鸭兰沟	1 袋(约 35 kg)
QPJ-3	砾料(砾石)	前坪—汝河桥	1 袋(约 35 kg)
QPJ-4	砂料(天然河砂)	前坪—汝河桥	1 袋(约 35 kg)
QPJ-5	砾料(砾石)	前坪—汝河桥	1 袋(约 35 kg)
QPJ-6	砂料(天然河砂)	前坪—汝河桥	1 袋(约 35 kg)

(1)砾石集料样品(样品编号:2012-8-9 QPJ-1-1#)。

镜下鉴定该砾料为石英闪长岩,具半自形粒状结构、二长结构,矿物成分主要是长石、暗色矿物、石英(15%),副矿物为磁铁矿、磷灰石。长石以斜长石为主,钾长石次之,斜长石呈半自形柱状,钾长石呈他形板粒状分布于斜长石间;暗色矿物为角闪石、辉石、黑云母,自形程度较好、具蚀变,分布于长石间;石英大部分呈象形文字状分布于长石中构成显微文象结构,小部分呈他形粒状分布于长石间,文象石英中属微晶石英的占50%~60%,具潜在碱硅活性;磁铁矿、磷灰石等副矿物呈不均匀分布(见图3-1)。

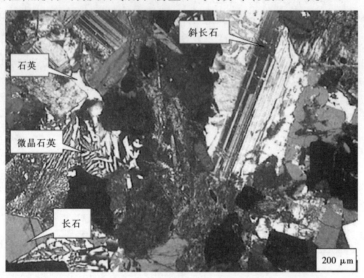

图 3-1　QPJ-1-1#岩样显微镜下图片(正交偏光下)

(2)天然河砂集料样品(样品编号:2012-8-9 QPJ-2)。

镜下鉴定该砂料由岩屑砂(80%~85%),石英砂(5%~10%),长石砂(5%~10%),黑云母、角闪石、铁质等矿物砂(2%~3%)组成。

岩屑砂主要是花岗岩和石英岩(35%~40%),花岗斑岩和花岗闪长斑岩、英安岩35%,玄武岩和安山岩25%,杂砂岩(2%~3%)。花岗岩主要由长石、石英组成,石英岩由石英组成,石英平均占总量的50%~60%,受应力作用部分石英具波状消光并产生细碎石英,波状消光石英约占70%,粒径<0.05 mm的微晶石英约占5%,这两类石英均具潜在碱硅活性[见图3-2(a)]。花岗斑岩和花岗闪长斑岩、英安岩,具斑状结构,斑晶为长石和石英,基质具球粒结构、显微嵌晶结构、显微文象结构等,主要由隐-微晶状长石、石英组成,其中粒径<0.05 mm隐-微晶石英占总量的20%~25%,具潜在碱硅活性[见图3-2(b)]。玄武岩和安山岩,主要由长石和暗色矿物组成,部分岩屑砂受后期蚀变、有硅质进入,硅质结晶为隐-微晶石英,其中粒径<0.05 mm隐-微晶石英占总量的3%~5%,具潜在碱硅活性。杂砂岩,由长石、石英、铁质、黏土岩屑等碎屑和黏土质杂基组成,其中石英碎屑粒径0.02~0.16 mm,属微晶石英(粒径<0.05 mm)的占总量的3%~5%,具潜在碱硅活性。

石英砂:次棱角状—圆状,消光基本正常,不具碱活性。

长石砂:次棱角状—圆状,有不同程度的泥化、绢云母化和铁染,该类砂不具碱活性。

图 3-2　QPJ – 2 砂样中岩屑砂显微镜下图片（正交偏光下）

此外,黑云母、角闪石、铁质等矿物砂不具碱活性。

（3）砾石集料样品（样品编号:2012 – 8 – 9 QPJ – 3 – 1#）。

镜下鉴定该砾料为花岗斑岩,具斑状、显微嵌晶、微晶结构,矿物组成主要是长石、石英(35% ~40%),其次为铁质和黑云母。岩石由斑晶和基质组成。斑晶为钾长石和石英,钾长石具不同程度的高岭石化,石英大颗粒的边部常包含有长石;基质由长石、石英、铁质、黑云母组成,石英中包含长石构成显微嵌晶结构,局部长石和石英呈微细粒状分布,长石普遍具高岭石化,石英中粒径 <0.05 mm 的微晶石英约占 30%,具潜在碱硅活性;细小黑云母和铁质零散分布。

QPJ - 3 - 1#岩样显微镜下图片(正交偏光下)如图 3-3 所示。

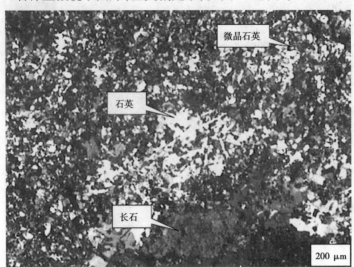

图 3-3　QPJ - 3 - 1#岩样显微镜下图片(正交偏光下)

(4)天然河砂集料样品(样品编号:QPJ - 2)。

镜下鉴定该砂料由岩屑砂(85%),石英砂(5%),长石砂(5% ~ 10%),黑云母、角闪石、铁质等矿物砂(2% ~ 3%)组成。

岩屑砂主要是花岗斑岩、花岗闪长斑岩、流纹岩、英安岩(35% ~ 40%),玄武岩和安山岩(25% ~ 30%),花岗岩(20% ~ 25%),次生石英岩(5% ~ 10%),杂砂岩(5%)。花岗斑岩、花岗闪长斑岩、流纹岩、英安岩均具斑状结构,斑晶为长石和石英,基质具球粒结构、显微嵌晶结构、显微文象结构等,主要由隐 - 微晶状长石、石英组成,其中粒径 < 0.05 mm 隐 - 微晶石英占总量的 20% ~ 25%,具潜在碱硅活性[见图 3-4(a)]。玄武岩和安山岩主要由长石和暗色矿物组成,部分岩屑砂具轻微硅化,硅化石英呈隐 - 微晶状,平均占总量的 2% ~ 3%,含量较少,不具碱活性[见图 3-4(b)]。花岗岩主要由长石、石英组成,石英颗粒普遍较粗,受应力作用部分石英(约占总量的 10%)具波状消光,含量较少,不具碱活性。次生石英岩主要由硅质组成,其次为黏土质和铁质,有少量长石残留,硅质结晶为大小不等的隐 - 微晶状石英,其中粒径 < 0.05 mm 的隐 - 微晶石英占总量的 50% ~ 55%,具潜在碱硅活性。杂砂岩由长石、石英、铁质、黏土岩岩屑等碎屑和黏土质杂基组成,其中石英碎屑粒 0.02 ~ 0.13 mm,属微晶石英(粒径 < 0.05 mm)的占总量的 3% ~ 5%,具潜在碱硅活性。

石英砂:次棱角状 - 圆状,消光基本正常,不具碱活性。

长石砂:次棱角状 - 圆状,有不同程度的泥化、绢云母化和铁染,该类砂不具碱活性。

此外,黑云母、角闪石、铁质等矿物砂不具碱活性。

(5)砾石集料样品(样品编号:QPJ - 3 - 1#)。

镜下鉴定该砾料为角闪辉绿岩,具辉绿结构,矿物组成主要是斜长石、角闪石,其次为

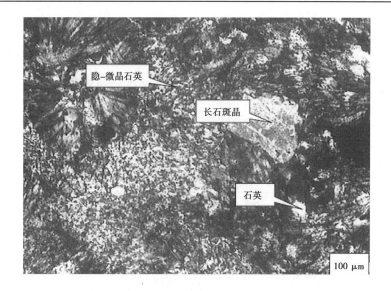

（a）

（b）

图 3-4 QPJ-2 砂样中岩屑砂显微镜下图片（正交偏光下）

绿帘石、绿泥石、石英（5%～10%）、绿脱石、铁质等。斜长石呈自形长柱状,构成三角形格架,单个的、自形程度较差的角闪石分布于格架中,斜长石和角闪石均具蚀变。岩石中可见圆球形、不规则状杏仁体,内由绿帘石、绿泥石、硅质、绿脱石充填,其中硅质结晶为隐-微晶石英。此外,岩石后期蚀变中有硅质（隐-微晶石英）进入,呈脉状等不均匀分布。该砾料中石英粒度细小,属隐-微晶石英,具潜在碱硅活性。

QPJ-3-1#岩样显微镜下图片（正交偏光下）见图 3-5。

（6）天然河砂集料样品（样品编号:QPJ-2）。

镜下鉴定该砂料由岩屑砂（85%）,石英砂（5%～10%）,长石砂（5%～10%）,黑云母、绿帘石、角闪石、铁质等矿物砂（1%～2%）组成。

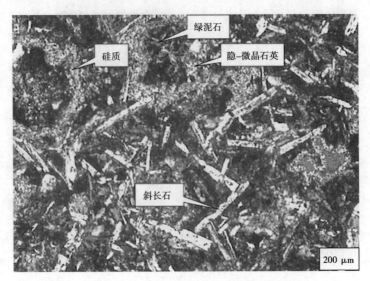

图 3-5　QPJ - 3 - 1#岩样显微镜下图片(正交偏光下)

　　岩屑砂主要是花岗斑岩、花岗闪长斑岩、英安岩(35%),玄武岩和安山岩(25% ~ 30%),石英岩和花岗岩(20% ~25%),次生石英岩(10%),杂砂岩(5%)。花岗斑岩、花岗闪长斑岩、英安岩均具斑状结构,斑晶为长石和石英,基质具球粒结构、显微嵌晶结构、显微文象结构等,主要由隐 - 微晶状长石、石英组成,其中粒径 <0.05 mm 隐 - 微晶石英占总量的 15% ~20%,具潜在碱硅活性。玄武岩和安山岩主要由长石和暗色矿物组成,部分岩屑砂具轻微硅化,硅化石英呈隐 - 微晶状,其中粒径 <0.05 mm 隐 - 微晶石英占总量的 2% ~3%,含量较少,不具碱活性。石英岩由石英组成,花岗岩主要由长石、石英组成,石英平均占总量的 60% ~70%,受应力作用,部分石英具波状消光并产生细碎石英,波状消光石英约占 70%,粒径 <0.05 mm 的微晶石英约占 10%,这两类石英均具潜在碱硅活性[见图 3-6(a)]。次生石英岩主要由硅质组成,其次为黏土质和铁质,有部分长石残留,硅质结晶为大小不等的隐 - 微晶状石英,其中粒径 <0.05 mm 的隐 - 微晶石英占总量的 40% ~45%,具潜在碱硅活性[见图 3-6(b)]。杂砂岩由长石、石英、铁质、黏土岩岩屑等碎屑和黏土质杂基组成,微晶石英较少,不具碱活性。

　　石英砂:次棱角状 - 圆状,消光基本正常,不具碱活性。

　　长石砂:次棱角状 - 圆状,有不同程度的泥化、绢云母化和铁染,该类砂不具碱活性。

　　此外,黑云母、绿帘石、角闪石、铁质等矿物砂不具碱活性。

　　前坪天然沙砾料岩相法试验成果汇总如表 3-22 所示。

（a）

（b）

图 3-6　QPJ–2 砂样中岩屑砂显微镜下图片（正交偏光下）

表 3-22 前坪天然沙砾料岩相法试验成果汇总

样品编号	样品名称	主要矿物组成及碱活性组分
QPJ－1	砾石	由石英闪长岩（10%）、花岗闪长斑岩（29%）、闪长玢岩（49%）、花斑岩（12%）等岩石组成。主要碱活性组分为隐－微晶石英（14%～18%）
QPJ－2	天然河砂	由岩屑砂（80%～85%），石英砂（5%～10%），长石砂（5%～10%），黑云母、角闪石、铁质等矿物砂（2%～3%）组成。主要碱活性组分为隐－微晶石英（7%～10%）、波状消光石英（10%～14%）
QPJ－3	砾石	主要由花岗斑岩（26%）、英安岩（56%）、花岗闪长斑岩（18%）等岩石组成。主要碱活性组分为隐－微晶石英（15%～19%）
QPJ－4	天然河砂	由岩屑砂（85%），石英砂（5%），长石砂（5%～10%），黑云母、角闪石、铁质等矿物砂（2%～3%）组成。主要碱活性组分为隐－微晶石英（8%～14%）、波状消光石英（1%～2%）
QPJ－5	砾石	主要由角闪辉绿岩（16%）、细晶岩（12%）、花岗闪长斑岩（72%）等岩石组成。主要碱活性组分为隐－微晶石英（14%～17%）
QPJ－6	天然河砂	由岩屑砂（85%），石英砂（5%～10%），长石砂（5%～10%），黑云母、绿帘石、角闪石、铁质等矿物砂（1%～2%）组成。主要碱活性组分为隐－微晶石英（9%～12%）、波状消光石英（7%～10%）

　　6 个样品岩相法均检出碱活性，依据《水工混凝土试验规程》（SL 352—2006）中"2.33　骨料碱活性检验（岩相法）"及"2.37　集料碱活性检验（砂浆棒快速法）"，需对取样集料进行集料碱活性检验，判定送检集料样品的碱活性。

　　前坪天然沙砾料砂浆棒快速法检验结果如表 3-23 所示，砂浆棒快速法膨胀率曲线如图 3-7 所示。

表 3-23 前坪天然沙砾料砂浆棒快速法检验结果

样品编号	砂浆棒快速法膨胀率（%）				
	3 d	7 d	14 d	21 d	28 d
2012－8－9QPJ－1	0.001	0.027	0.215	0.304	0.369
2012－8－9QPJ－2	0.005	0.041	0.230	0.325	0.404
2012－8－9QPJ－3	0.006	0.044	0.223	0.310	0.386
2012－8－9QPJ－4	0.005	0.053	0.213	0.301	0.356
2012－8－9QPJ－5	0.004	0.040	0.210	0.298	0.352
2012－8－9QPJ－6	0.003	0.039	0.205	0.292	0.348

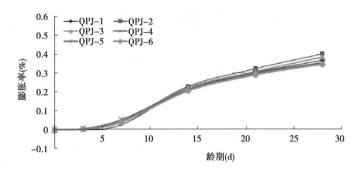

图 3-7　砂浆棒快速法膨胀率曲线

《水工混凝土试验规程》(SL 352—2006)中砂浆棒快速法集料的碱活性评定标准,砂浆试件 14 d 的膨胀率 <0.1%,则集料为非活性集料;砂浆试件 14 d 的膨胀率 >0.2%,则集料为具有潜在危害性反应的活性集料;砂浆试件 14 d 的膨胀率在 0.1% ~0.2%,对这种集料应结合现场记录、岩相分析、开展其他的辅助试验、试件观测的时间延至 28 d 后的测试结果等进行综合评定。

从表 3-23 和图 3-7 可以看出,样品编号为 2012 - 8 - 9QPJ - 1、2012 - 8 - 9QPJ - 2、2012 - 8 - 9QPJ - 3、2012 - 8 - 9QPJ - 4、2012 - 8 - 9QPJ - 5 和 2012 - 8 - 9QPJ - 6 的集料样品的 14 d 砂浆膨胀率分别为 0.215%、0.230%、0.223%、0.213%、0.210% 和 0.205%,均大于 0.2% 评定标准,依据《水工混凝土试验规程》(SL 352—2006),判定这 6 组集料样品均为具有潜在碱硅酸反应活性的集料。

3.5　沙颍河料场

颍河水系位于河南省腹地,是淮河流域最大的河系。在河南省境内,颍河水系俗称沙颍河水系,以沙河为主干,周口以下至省境段俗称沙河。颍河发源于嵩山南麓,流经登封、禹州、襄城、许昌、临颍、西华、周口、项城、沈丘,于界首入安徽省。省界以上河长 418 km,流域面积 34 400 km²。颍河南岸支流有沙河、汾泉河,北岸支流有清水河、贾鲁河、黑茨河。沙河是颍河的最大支流,发源于鲁山县石人山,流经宝丰、叶县、舞阳、漯河、周口汇入颍河,河长 322 km,流域面积 12 580 km²。其北岸支流北汝河,发源于嵩县跑马岭,流经汝阳、临汝、郏县,在襄城县简城汇入沙河,全长 250 km,流域面积 6 080 km²。

2004 年、2005 年和 2007 年分别在鲁山沙河高岸头、鲁山沙河郝楼、鲁山沙河湖泉店、鲁山沙河金章、鲁山沙河李庄和禹州颍河沙陀分别取 29 组样品,其中砂样 14 组,砾石样 15 组。

砂砾样岩相法分析结果见表 3-24、表 3-25。

表 3-24　砂砾样岩相法分析结果(2004 年)

试样	主要岩性组成		岩相法	综合判别
	岩性类型	含量(%)		
鲁山沙河金章砾石料	石英砂岩	42	具潜在碱硅活性	具潜在碱硅活性
	安山岩	37	非活性	
	花岗岩	21	具潜在碱硅活性	
鲁山沙河金章砂料	长石砂	50	非活性	具潜在碱硅活性
	石英砂	40	具潜在碱硅活性	
	岩屑砂	10	非活性	
鲁山沙河李庄砾料	英安岩	40	具潜在碱硅活性	具潜在碱硅活性
	玄武岩	35	非活性	
	变粒岩	23	非活性	
	石英砂岩	2	具潜在碱硅活性	
禹州颍河沙陀砾石料	石英砂岩	60	具潜在碱硅活性	具潜在碱硅活性
	长石石英砂岩	28	具碱硅活性	
	石英岩	9	非活性	
	硅质岩	3	具碱硅活性	
禹州颍河沙陀砾砂料	长石砂	80	非活性	非活性
	石英砂	10	非活性	
	岩屑砂	10	非活性	

表 3-25　砾样岩相法分析结果(2007 年)

试样编号	主要岩性组成		岩相法	综合判别
	岩性类型	含量(%)		
ST－01	石英岩状砂岩	75	具潜在碱硅活性	具潜在碱硅活性
	石英砂岩	15	具潜在碱硅活性	
	石英岩	10	具潜在碱硅活性	

续表 3-25

试样编号	主要岩性组成		岩相法	综合判别
	岩性类型	含量(%)		
ST－02	石英岩状砂岩	90	具潜在碱硅活性	具潜在碱硅活性
	石英岩	10	具潜在碱硅活性	
LZ－01	英安岩	40	具潜在碱硅活性	具潜在碱硅活性
	石英岩状砂岩	35	具潜在碱硅活性	
	辉绿岩	20	具潜在碱硅活性	
	片麻岩	5	具潜在碱硅活性	
LZ－02	石英岩状砂岩	45	具潜在碱硅活性	具潜在碱硅活性
	玄武岩	35	具潜在碱硅活性	
	英安岩	10	具潜在碱硅活性	
	花岗岩	10	具潜在碱硅活性	
JZ－01	石英岩状砂岩	40	具潜在碱硅活性	具潜在碱硅活性
	英安岩	30	具潜在碱硅活性	
	角闪斜长片岩	30	不具碱活性	
JZ－02	石英岩状砂岩	50	具潜在碱硅活性	具潜在碱硅活性
	英安岩	25	具潜在碱硅活性	
	英云闪长玢岩	20	具潜在碱硅活性	
	片麻岩	5	具潜在碱硅活性	
HQ－01	玄武岩	55	具潜在碱硅活性	具潜在碱硅活性
	石英岩状砂岩	30	具潜在碱硅活性	
	片麻岩	15	具潜在碱硅活性	
HQ－02	石英岩状砂岩	40	具潜在碱硅活性	具潜在碱硅活性
	变粒岩	35	不具碱活性	
	绿帘石岩	15	不具碱活性	
	片麻岩	10	具潜在碱硅活性	
GA－01	英安岩	40	具潜在碱硅活性	具潜在碱硅活性
	石英岩状砂岩	40	具潜在碱硅活性	
	玄武岩	20	具潜在碱硅活性	

续表 3-25

试样编号	主要岩性组成		岩相法	综合判别
	岩性类型	含量(%)		
GA－02	玄武岩	30	具潜在碱硅活性	具潜在碱硅活性
	变粒岩	30	具潜在碱硅活性	
	英云闪长玢岩	30	具潜在碱硅活性	
	花岗岩	10	砾石不具碱活性	
HL－01	辉绿岩	35	具潜在碱硅活性	具潜在碱硅活性
	英安岩	30	具潜在碱硅活性	
	石英岩状砂岩	30	具潜在碱硅活性	
	石英岩	5	具潜在碱硅活性	
HL－02	英安岩	45	具潜在碱硅活性	具潜在碱硅活性
	石英岩状砂岩	25	具潜在碱硅活性	
	玄武岩	20	具潜在碱硅活性	
	片麻岩	10	具潜在碱硅活性	

砂样岩相法分析结果(2007 年)见表 3-26。

表 3-26　砂样岩相法分析结果(2007 年)

地点	主要岩性组成		岩相法	综合判别
	岩性类型	含量(%)		
鲁山沙河金章	岩屑砂	40	具潜在碱硅活性	具潜在碱硅活性
	长石砂	30	不具活性	
	石英砂	30	具潜在碱硅活性	
	岩屑砂	40	具潜在碱硅活性	具潜在碱硅活性
	长石砂	40	不具碱活性	
	石英砂	20	具潜在碱硅活性	
鲁山沙河湖泉店	岩屑砂	45	具潜在碱硅活性	具潜在碱硅活性
	长石砂	40	不具碱活性	
	石英砂	15	具潜在碱硅活性	
	岩屑砂	40	具潜在碱硅活性	具潜在碱硅活性
	长石砂	35	不具碱活性	
	石英砂	35	不具碱活性	

续表 3-26

地点	主要岩性组成		岩相法	综合判别
	岩性类型	含量(%)		
鲁山沙河高岸头	长石砂	40	不具碱活性	具潜在碱硅活性
	岩屑砂	35	具潜在碱硅活性	
	石英砂	25	具潜在碱硅活性	
	岩屑砂	45	具潜在碱硅活性	具潜在碱硅活性
	长石砂	40	不具碱活性	
	石英砂	15	不具碱活性	
鲁山沙河郝楼	岩屑砂	45	具潜在碱硅活性	具潜在碱硅活性
	长石砂	35	不具碱活性	
	石英砂	20	具潜在碱硅活性	
	岩屑砂	60	具潜在碱硅活性	具潜在碱硅活性
	长石砂	20	不具碱活性	
	石英砂	20	不具碱活性	

快速砂浆棒法、岩石柱法膨胀试验成果见表 3-27。

表 3-27　快速砂浆棒法、岩石柱法膨胀试验成果

地点	集料岩性	快速砂浆棒法			岩石柱法		
		膨胀率(%)	标准(%)	碱活性	方向	膨胀率(%)	碱活性
金章	砂	0.105	>0.1	活性	X	0.120	活性
	砾石	0.138	>0.1	活性	Y	0.105	活性
李庄	砾石	0.173	>0.1	活性	X	0.111	活性
沙陀	砾石	0.109	>0.1	活性	X	0.123	活性

快速砂浆棒法膨胀试验成果见表 3-28。

表 3-28　快速砂浆棒法膨胀试验成果

地点	集料岩性	快速砂浆棒法		
		膨胀率(%)	标准(%)	碱活性
金章	砂料	0.149	>0.1	活性
	砂料	0.103	>0.1	活性
湖泉店	砂料	0.100	>0.1	活性
	砂料	0.115	>0.1	活性

续表 3-28

地点	集料岩性	快速砂浆棒法		
		膨胀率(%)	标准(%)	碱活性
高岸头	砂料	0.102	>0.1	活性
	砂料	0.124	>0.1	活性
郝楼	砂料	0.148	>0.1	活性
	砂料	0.144	>0.1	活性
沙陀	砾石料	0.151	>0.1	活性
	砾石料	0.111	>0.1	活性
李庄	砾石料	0.125	>0.1	活性
	砾石料	0.189	>0.1	活性
金章	砾石料	0.193	>0.1	活性
	砾石料	0.224	>0.1	活性
湖泉店	砾石料	0.108	>0.1	活性
	砾石料	0.134	>0.1	活性
高岸头	砾石料	0.115	>0.1	活性
	砾石料	0.161	>0.1	活性
郝楼	砾石料	0.161	>0.1	活性
	砾石料	0.174	>0.1	活性

燕山水库取样地点位于淮河流域沙颍河主要支流澧河上游甘江河上,位于河南省南阳市方城县与平顶山市叶县之间,澧河是沙河南岸支流,发源于方城县四里店,流经叶县、舞阳,于漯河市西注入沙河,全长 163 km,流域面积 2 787 km²。

燕山水库沙砾料岩相法成果汇总见表 3-29。

表 3-29　燕山水库沙砾料岩相法成果汇总

试样	主要岩性组成		岩相法	综合判别
	岩性类型	含量(%)		
文井河砂砾料砂	岩屑砂	50	具碱硅活性	具碱硅活性
	石英砂	35	具碱硅活性	
	长石砂	15	不具活性	
文井河砂砾料砾石	砂岩	89	具潜在碱硅活性	具碱硅活性
	石英岩	6	具潜在碱硅活性	
	硅质岩	5	具碱硅活性	

续表 3-29

试样	主要岩性组成		岩相法	综合判别
	岩性类型	含量（%）		
古城河砂砾料砂	岩屑砂	70	不具活性	具潜在碱硅活性
	石英砂	20	具碱硅活性	
	长石砂	10	不具活性	
古城河砂砾料砾石	砂岩	84	具潜在碱硅活性	具潜在碱硅活性
	石英岩	15	具潜在碱硅活性	
	千枚状片岩	1	具潜在碱硅活性	
上游砂砾料砂	岩屑砂	70	具碱硅活性	具碱硅活性
	石英砂	25	不具活性	
	长石砂	5	不具活性	
上游砂砾料砾石	砂岩	70	具碱硅活性	具碱硅活性
	石英岩	20	具碱硅活性	
	硅质岩	8	具碱硅活性	
	黏土质砂岩	2	具碱硅活性	
下游砂砾料砂	岩屑砂	70	不具活性	具潜在碱硅活性
	石英砂	15	具潜在碱活性	
	长石砂	15	不具活性	
下游砂砾料砾石	砂岩	77	具碱硅活性	具潜在碱硅活性
	石英岩	16	具潜在碱硅活性	
	铁质硅质岩	4	具碱硅活性	
	黏土质砂岩	3	具潜在碱硅活性	

文井河（砂）、文井河（砂岩）如图 3-8、图 3-9 所示。

古城河（砂）、古城河（千枚状片岩）如图 3-10、图 3-11 所示。

上游（砂）、上游（黏土质砂岩）如图 3-12、图 3-13 所示。

下游（砂）、下游（铁质硅质岩）如图 3-14、图 3-15 所示。

燕山沙砾料碱活性试验成果如表 3-30 所示。

图 3-8　文井河(砂)

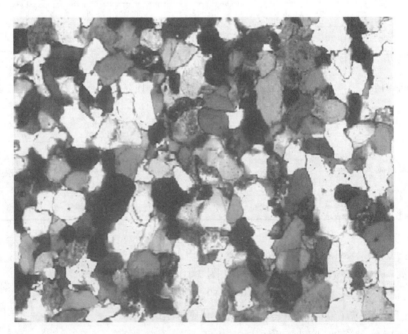

图 3-9　文井河(砂岩)

图 3-10　古城河(砂)

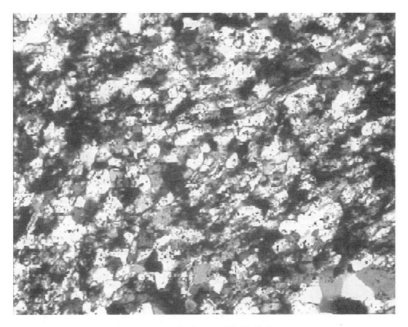

图 3-11　古城河(千枚状片岩)

图 3-12　上游(砂)

图 3-13　上游(黏土质砂岩)

图 3-14　下游(砂)

图 3-15　下游(铁质硅质岩)

表 3-30　燕山沙砾料碱活性试验成果

产地	样品	快速砂浆棒法		岩石柱法	
		膨胀率(%)	判别	膨胀率(%)	判别
文井河	砂	0.096	非活性	0.171	活性
	砾石	0.151	活性	0.114	活性
古城河	砂	0.093	非活性	0.094	非活性
	砾石	0.145	活性	0.114	活性
上游	砂	0.096	非活性	0.093	非活性
	砾石	0.133	活性	0.125	活性
下游	砂	0.097	非活性	0.069	非活性
	砾石	0.132	活性	0.136	活性

3.6　淮河料场

　　淮河干流发源于桐柏县桐柏山太白顶,向东流经信阳、罗山、息县、潢川、淮滨等境,在固始县三河尖乡的东陈村入安徽省境,省界以上河长 417 km,淮河干流水系包括淮河干流、淮南支流及洪河口以上淮北支流流域面积 21 730 km²。

　　淮河河砂储量丰富,本研究主要对河砂的碱活性进行了研究,分别在淮河干流出山店和淮河支流潢河马湾进行取样。

　　出山店在 2009 年对天然河砂进行了碱活性试验,编号为 09 - 1 - 20NO1 ~ 09 - 1 - 20NO5。2011 年,从马湾砂料场取 5 组砂样进行碱活性试验。取样地点位于光山县城南的潢河左岸马湾村附近,在潢河冲洪积扇上部。编号为 11 - 7 - 21M1 ~ 11 - 7 - 21M5。10 个样品颜色相近,均呈土黄色,洁净无杂质。

　　出山店、马湾天然河砂岩相法试验结果如表 3-31 所示。

表 3-31　出山店、马湾天然河砂岩相法试验结果

样品编号	取样地点	主要矿物组成
09 - 1 - 20NO1	西河湾	岩屑砂 55%,石英砂 25% ~ 30%,长石砂 15% ~ 20%,暗色矿物角闪石、铁质和黑云母 1% ~ 2%。波状消光石英约 18%,隐晶 - 微晶状石英 3% ~ 4%
09 - 1 - 20NO2	袁庄南	岩屑砂 50% ~ 55%,石英砂 30%,长石砂 15% ~ 20%,暗色矿物角闪石、铁质和黑云母 1% ~ 2%。波状消光石英 15% ~ 17%,隐晶 - 微晶状石英 3% ~ 6%
09 - 1 - 20NO3	河口西	岩屑砂 40%,长石砂 35%,石英砂 20%,暗色矿物角闪石、铁质和黑云母 5%。波状消光石英约 24%,微晶石英约 1%
09 - 1 - 20NO4	母子河南	岩屑砂 45%,石英砂 25%,长石砂 25%,暗色矿物角闪石、铁质和黑云母 5%。波状消光石英约 36%,微晶石英约 2%

续表3-31

样品编号	取样地点	主要矿物组成
09 – 1 – 20NO5	湾店西	岩屑砂50%,石英砂25%,长石砂20%,暗色矿物角闪石、铁质和黑云母5%。波状消光石英约30%,微晶石英约3%
11 – 7 – 21M1	—	由岩屑砂(45%~50%)、石英砂(25%~30%)、长石砂(20%~25%)、绿帘石、白云母、铁质等矿物砂(3%~4%)组成。主要碱活性组分为微晶石英(2%~3%)、波状消光石英(6%~7%)
11 – 7 – 21M2	—	由岩屑砂(65%~70%)、石英砂(15%~20%)、长石砂(10%~15%)、绿帘石等矿物砂(3%~4%)组成。主要碱活性组分为微晶石英(6%~7%)、波状消光石英(8%~9%)
11 – 7 – 21M3	—	由岩屑砂(75%)、石英砂(10%~15%)、长石砂(10%)、绿帘石、角闪石等矿物砂(3%~4%)组成。主要碱活性组分为微晶石英(2%~3%)、波状消光石英(7%~8%)
11 – 7 – 21M4	—	由岩屑砂(70%~75%)、石英砂(15%)、长石砂(10%)、绿帘石、角闪石等矿物砂(3%~4%)组成。主要碱活性组分为微晶石英(约1%)、波状消光石英(8%~10%)
11 – 7 – 21M5	—	由岩屑砂(70%~75%)、石英砂(15%)、长石砂(10%)、绿帘石、角闪石、云母等矿物砂(3%~4%)组成。主要碱活性组分为微晶石英(7%~9%)、波状消光石英(5%~6%)

从表3-31中看到,样品中均存在一定量的隐－微晶硅质、微晶石英和波状消光石英等,这些矿物有时会引起碱硅酸反应,因此岩相法的结果是这些样品均具有碱活性。依据《水工混凝土试验规程》(SL 352—2006)中"2.37　集料碱活性检验(砂浆棒快速法)"进行膨胀性试验,以确定其碱活性。

出山店、马湾天然河砂砂浆棒快速法试验结果如表3-32所示。

表3-32　出山店、马湾天然河砂砂浆棒快速法试验结果

样品编号	取样地点	砂浆膨胀率(%)				
		3 d	7 d	14 d	21 d	28 d
09 – 1 – 20NO1	西河湾	0.007	0.018	0.077	0.154	0.218
09 – 1 – 20NO2	袁庄南	0.006	0.014	0.072	0.145	0.206
09 – 1 – 20NO3	河口西	0.006	0.015	0.072	0.145	0.205
09 – 1 – 20NO4	母子河南	0.006	0.018	0.081	0.158	0.220
09 – 1 – 20NO5	湾店西	0.008	0.018	0.081	0.156	0.219

续表 3-32

样品编号	取样地点	砂浆膨胀率(%)				
		3 d	7 d	14 d	21 d	28 d
11 - 7 - 21M1	—	0.003	0.020	0.070	0.130	0.179
11 - 7 - 21M2	—	0.003	0.017	0.051	0.104	0.149
11 - 7 - 21M3	—	0.003	0.020	0.064	0.117	0.164
11 - 7 - 21M4	—	0.003	0.015	0.057	0.114	0.159
11 - 7 - 21M5	—	0.002	0.011	0.056	0.110	0.140

依据《水工混凝土试验规程》(SL 352—2006)中砂浆棒快速法集料的碱活性评定标准:

(1)砂浆试件 14 d 的膨胀率小于 0.1%,则集料为非活性集料。

(2)砂浆试件 14 d 的膨胀率大于 0.2%,则集料为具有潜在危害性反应的活性集料。

出山店、马湾天然河砂碱活性试验膨胀曲线图如图 3-16 所示。

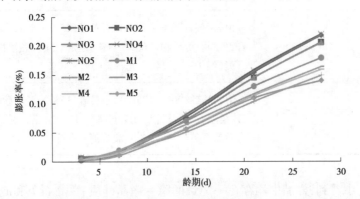

图 3-16　出山店、马湾天然河砂碱活性试验膨胀曲线图

(3)砂浆试件 14 d 的膨胀率在 0.1% ~ 0.2% 的,对这种集料应结合现场记录、岩相分析、开展其他的辅助试验、试件观测的时间延至 28 d 后的测试结果等进行综合评定。

从表 3-32 中可以看出,出山店水库天然河砂均不具碱活性。

但是从图 3-16 中可以看到,10 个试样的膨胀曲线皆不收敛,28 d 的膨胀率皆大于 0.2%,检测单位给出的报告中认为应对其给予关注,在工程应用中对这种集料采取适当的抑制措施,以保障工程安全。

第 4 章　人工集料

4.1　灰　岩

4.1.1　寒武系

河南省寒武系地层广泛出露于豫西、豫北地区及淅川—内乡一带,在永城及固始等地有零星出露。根据大地构造单元、地层发育情况、沉积特征及古生物群面貌等,将地层区划分为华北地层区和秦岭地层区。华北地层区包括山西地层分区(太行山地层小区)和豫西地层分区(中条山—嵩山地层小区和卢氏—确山地层小区),秦岭地层区包括北秦岭地层分区和南秦岭地层分区(淅川—邓州地层小区和丹江地层小区)。

华北地层区主要为一套地台型砾岩、砂岩、页岩、灰岩、鲕粒灰岩及白云岩等,属该滨海氧化环境中的沉积产物。豫西地层分区下统辛集组发育,含磷矿及石膏矿;山西地层分区缺失辛集组,全区上寒武统普遍以白云岩为主,是我国华北型寒武系发育最广泛的地区之一,厚度 632～830 m。

秦岭地层区的寒武系主要由硅质岩、炭质页岩、黏土岩、灰岩、白云质灰岩及白云岩等组成,局部见有粒屑灰岩。既有滞流还原环境和非正常海相沉积,也有正常海相沉积。下寒武统厚 1 342～1 905 m。属地槽型沉积。

河南省寒武系各组岩性简表如表 4-1 所示。

表 4-1　河南省寒武系各组岩性简表(华北地层区)

系	统	组	主要岩性简述
寒武系	上统	凤山组($\in_{3f}$)	灰白色厚层状含硅质团块白云岩
		长山组($\in_{3c}$)	灰白色白云质灰岩
		崮山组($\in_{3g}$)	深灰色厚层状白云岩
	中统	张夏组($\in_{2zh}$)	深灰色厚层状鲕状灰岩、白云质灰岩
		徐庄组($\in_{2x}$)	青灰色泥质条带灰岩、白云质灰岩夹页岩
		毛庄组($\in_{2m}$)	紫红色砂质页岩夹粉砂岩
	下统	馒头组($\in_{1m}$)	紫红色、灰黄色砂质页岩夹泥质灰岩
		辛集组($\in_{1x}$)	褐黄色沙砾岩、豹皮灰岩

4.1.1.1　鹤壁市

在鹤壁盘石头花尖脑和淇县石棚做了取样调查,分别进行了岩相法、砂浆棒法和岩石柱法试验,其结果如表4-2～表4-4所示。

表4-2　盘石头花尖脑、石棚岩相法试验汇总

地点	地质年代	试验组数	灰岩类型	矿物成分	岩相法结论
盘石头	∈₂ₕ	06－1	亮晶鲕粒白云质灰岩	方解石70%,白云石30%	非碱活性岩石
		06－2	泥粉晶白云质灰岩	方解石60%～65%,白云石30%～35%,黏土质2%～3%,少量石英、铁质	含碱碳酸盐活性成分
		06－3	亮晶鲕粒白云质灰岩	方解石60%,白云石40%,少量铁质	非碱活性岩石
		06－4	含生物屑鲕粒砂屑灰岩	方解石95%,黏土质2%～3%,白云石1%,石英1%,少量铁质	含碱碳酸盐活性成分
		06－5	亮晶鲕粒含白云石灰岩	方解石85%,白云石15%,少量石英、铁质	非碱活性岩石
		06－6	含生物屑砂屑含白云石灰岩	方解石75%～80%,白云石20%～25%,石英1%,少量铁质	含碱硅酸活性成分
		06－7	砂屑生物屑泥粉晶灰岩	方解石85%～90%,黏土质5%～10%,石英1%～2%,白云石1%～2%,少量铁质	含碱硅酸、碱碳酸盐活性成分
		06－8	生物砂屑泥粉晶含白云石灰岩	方解石80%～85%,白云石15%～20%,少量石英及铁质	非碱活性岩石
		06－9	泥粉晶灰岩	方解石95%,白云石5%,少量铁质及石英	非碱活性岩石
		06－10	泥粉晶含白云石灰岩	方解石80%～85%,白云石10%,黏土质3%～4%,少量铁质	含碱碳酸盐活性成分
		06－11	含白云石鲕粒灰岩	方解石80%～85%,白云石15%～20%	非碱活性岩石
		06－12	含白云石鲕粒灰岩	方解石90%～95%,白云石5%～10%,少量石英	非碱活性岩石
		06－13	白云质鲕粒灰岩	方解石70%,白云石30%,少量褐铁矿及石英	非碱活性岩石
		06－14	白云质鲕粒灰岩	方解石70%,白云石30%,少量褐铁矿及石英	非碱活性岩石
		06－15	白云质鲕粒灰岩	方解石60%,白云石40%,少量褐铁矿及石英	非碱活性岩石

续表 4-2

地点	地质年代	试验组数	灰岩类型	矿物成分	岩相法结论
庙口	∈₂ₕ	04 - 1	鲕粒含云灰岩	方解石 80% ~ 85%，白云石 15% ~ 20%，少量黏土	含碱碳酸盐活性成分
		06 - 1	粉细晶白云岩	白云石 90%，方解石 10%	非碱活性岩石
		06 - 2	粉细晶白云岩	白云石 95%，方解石 5%	非碱活性岩石
		06 - 3	粉细晶鲕粒白云岩	白云石 95%，方解石 2% ~ 3%	非碱活性岩石
		06 - 4	粉细晶白云岩	白云石 90% ~ 95%、方解石 5% ~ 10%、铁质 1% ~ 2%，少量石英	非碱活性岩石
		06 - 5	粉细晶白云岩	白云石 90% ~ 95%，方解石 5%，铁质 1% ~ 2%，少量石英	非碱活性岩石
		06 - 6	白云石化碎屑灰岩	方解石 70%，白云石 30%，少量铁质	非碱活性岩石
		06 - 7	白云石化鲕粒灰岩	方解石 60% ~ 65%，白云石 35% ~ 40%，少量石英	非碱活性岩石
		06 - 8	白云石化碎屑灰岩	方解石 80% ~ 85%，白云石 10% ~ 15%，铁质 2% ~ 3%	非碱活性岩石
		06 - 9	白云石化碎屑灰岩	方解石 70% ~ 75%，白云石 25% ~ 30%，铁质 2% ~ 3%	非碱活性岩石
		06 - 10	碎屑灰岩	方解石 99%，铁质和石英 1%	非碱活性岩石
		X06 - 11	白云石化鲕粒灰岩	方解石 75% ~ 80%，白云石 20% ~ 25%，少量铁质	非碱活性岩石
		X06 - 12	白云石化含鲕粒生物屑亮晶 - 粉晶灰岩	方解石 75% ~ 80%，白云石 20% ~ 25%	非碱活性岩石
		X06 - 13	白云石化鲕粒灰岩	方解石 75%，白云石 20% ~ 25%，少量黏土质、铁质	含碱碳酸盐活性成分
		X06 - 14	白云石化鲕粒灰岩	方解石 70%，白云石 30%，隐晶 - 微晶石英 1% ~ 2%，少量铁质	含碱硅酸活性成分
		X06 - 15	白云石化鲕粒灰岩	方解石 65%，白云石 30% ~ 35%，隐晶 - 微晶石英 1% ~ 2%，少量铁质、黏土质	含碱硅酸、碱碳酸盐活性成分
		X06 - 16	白云石化鲕粒灰岩	方解石 70%，白云石 25% ~ 30%，隐晶 - 微晶石英 1% ~ 2%，少量铁质、黏土质	含碱硅酸、碱碳酸盐活性成分
		X06 - 17	白云石化鲕粒灰岩	方解石 70% ~ 75%，白云石 25% ~ 30%，隐晶 - 微晶石英 1% ~ 2%，少量铁质	含碱硅酸活性成分

表 4-3　盘石头花尖脑岩石碱活性试验成果

岩性	取样编号	岩相法结果	砂浆棒快速法膨胀率(%)	岩石柱法膨胀率(%)	砂浆长度法膨胀率(%)	最终结论
灰岩	PS06 – 1	不含碱活性成分	—	—	—	非活性
	PS06 – 2	含碱碳酸盐活性成分	0.105	0.058	—	非活性
	PS06 – 3	不含碱活性成分				非活性
	PS06 – 4	含碱碳酸盐活性成分	0.078	0.059	—	非活性
	PS06 – 5	不含碱活性成分				非活性
豹皮灰岩	PS06 – 6	含碱硅酸盐活性成分	0.054		0.016	非活性
	PS06 – 7	含碱硅酸盐活性成分	0.045		0.020	非活性
		含碱碳酸盐活性成分	0.053	0.052	—	非活性
	PS06 – 8	不含碱活性成分	—	—	—	非活性
	PS06 – 9	不含碱活性成分	—	—	—	非活性
	PS06 – 10	含碱碳酸盐活性成分	0.055	0.055		非活性
鲕状灰岩	PS06 – 11	不含碱活性成分				非活性
	PS06 – 12	不含碱活性成分				非活性
	PS06 – 13	不含碱活性成分				非活性

表 4-4　石棚岩石碱活性试验成果汇总

岩性	试样编号	岩相法试验结果	岩石柱法膨胀率(%)	砂浆棒快速法膨胀率(%)	试验结论	料场集料碱活性判别
深灰色灰岩($\in_{2zh}$)	SP04 – 1	含碱碳酸盐活性成分	0.071	—	非碱活性	非碱活性
	SP06 – 1	不含碱活性成分	—	—	非碱活性	
	SP06 – 2	不含碱活性成分	—	—	非碱活性	
	SP06 – 3	不含碱活性成分	—	—	非碱活性	
	SP06 – 4	不含碱活性成分	—	—	非碱活性	
	SP06 – 5	不含碱活性成分	—	—	非碱活性	
浅灰色灰岩($\in_{2zh}$)	SP06 – 6	不含碱活性成分	—		非碱活性	非碱活性
	SP06 – 7	不含碱活性成分	—		非碱活性	
	SP06 – 8	不含碱活性成分	—		非碱活性	
	SP06 – 9	不含碱活性成分	—		非碱活性	
	SP06 – 10	不含碱活性成分	—		非碱活性	

续表 4-4

岩性	试样编号	岩相法试验结果	岩石柱法膨胀率（%）	砂浆棒快速法膨胀率（%）	试验结论	料场集料碱活性判别
浅灰色灰岩（∈2zh）	SP06 – 11	不含碱活性成分	—	—	非碱活性	非碱活性
	SP06 – 12	不含碱活性成分	—	—	非碱活性	
	SP06 – 13	含碱碳酸盐活性成分	0.06	—	非碱活性	
	SP06 – 14	含碱硅酸盐活性成分	—	0.023	非碱活性	
	SP06 – 15	含碱碳酸盐、碱硅酸活性成分	0.06	0.025	非碱活性	
	SP06 – 16	含碱碳酸盐、碱硅酸活性成分	0.06	0.026	非碱活性	
	SP06 – 17	含碱硅酸活性成分	—	0.024	非碱活性	

4.1.1.2 郑州市

在郑州市荥阳贾峪镇安信石料厂、长久石料厂、福存石料厂、联谊达石料厂、万欣石料厂 5 个石料厂进行了 13 组取样;在荥阳千尺山石料厂取了 5 组岩样,岩样皆为灰岩。分别进行了岩相法、快速砂浆棒法、岩石柱法试验。试验结果如表 4-5、表 4-6 所示。

表 4-5　荥阳贾峪镇 5 个石料厂岩相法试验成果汇总

取样地点	试样编号	灰岩类型	矿物成分	岩相法结论
荥阳贾峪镇安信石料厂（∈2zh）	AX – 1	白云石化亮晶鲕粒灰岩	方解石 50% ~ 55%,白云石 40% ~ 45%,少量铁质	不具有碱活性
	AX – 2	亮晶鲕粒灰岩	方解石90%,白云石5% ~ 10%,黏土质3% ~ 4%,石英 <1%	具有潜在碱碳酸盐活性
	AX – 3	亮晶鲕粒灰岩	方解石 50% ~ 55%,白云石 40% ~ 45%,黏土质3% ~ 4%,石英 <1%	具有潜在碱碳酸盐活性
荥阳贾峪镇长久石料厂（∈2zh）	CJ – 1	粉晶白云岩	白云石及少量方解石 >99%,少量铁质	不具有碱活性
	CJ – 2	粉晶白云岩	白云石及少量方解石 >99%,少量铁质	不具有碱活性
荥阳贾峪镇福存石料厂（∈2zh）	FC – 1	白云石化亮晶鲕粒灰岩	方解石85%,白云石5% ~ 10%,黏土质3% ~ 4%,石英1% ~ 2%,少量铁质	具有潜在碱硅酸、碱碳酸盐活性
	FC – 2	白云石化亮晶鲕粒灰岩	方解石50%,白云石45% ~ 50%,石英1% ~ 2%,少量铁质	具有潜在碱硅酸活性
荥阳贾峪镇联谊达石料厂（∈2zh）	LY – 1	泥粉晶白云质灰岩	方解石70%,白云石25% ~ 30%,少量铁泥质、石英	不具有碱活性
	LY – 2	泥粉晶含白云石灰岩	方解石80% ~ 85%,白云石15%,少量铁泥质、石英	不具有碱活性
	LY – 3	亮晶鲕粒灰岩	方解石90%,白云石5% ~ 10%,黏土质3% ~ 4%	具有潜在碱碳酸盐活性

续表 4-5

取样地点	试样编号	灰岩类型	矿物成分	岩相法结论
荥阳贾峪镇万欣石料厂（∈₂zh）	WX-1	泥粉晶白云质灰岩	方解石 65%～70%，白云石 30%，石英 1%～2%，少量黏土质	具有潜在碱硅酸活性
	WX-2	泥粉晶含白云质灰岩	方解石 65%，白云石 25%～30%，铁泥质 3%～4%，石英 2%～3%	具有潜在碱硅酸、碱碳酸盐活性
	WX-3	泥粉晶含白云质灰岩	方解石 75%～80%，白云石 15%～20%，铁泥质 3%～4%，石英 2%～3%	具有潜在碱硅酸、碱碳酸盐活性
荥阳千尺山石料厂（∈₂zh）	1	泥粉晶生物屑灰岩	方解石 90%，白云石 10%，少量铁质	不具有碱活性
	2	泥粉晶生物屑灰岩	方解石 80%～85%，白云石 15%～20%，少量石英、铁质	具有潜在碱硅酸活性
	3	泥粉晶生物屑灰岩	方解石 85%，白云石 15%，少量铁质	不具有碱活性
	4	鲕粒灰岩	方解石 90%，白云石 10%	不具有碱活性
	5	鲕粒灰岩	方解石 97%，白云石 2%～3%	不具有碱活性

表 4-6　荥阳 5 个石料厂碱活性试验成果汇总

料场名称	岩样编号	砂浆长度法膨胀率（%）	岩石柱法膨胀率（%）	试验结论	料场集料碱活性
安信石料厂	AX-1			无碱活性	无碱活性
	AX-2		0.06	无碱活性	
	AX-3		0.05	无碱活性	
长久石料厂	CJ-1			无碱活性	无碱活性
	CJ-2			无碱活性	
福存石料厂	FC-1	0.013	0.05	无碱活性	无碱活性
	FC-2	0.008		无碱活性	
联谊达石料厂	LY-1			无碱活性	无碱活性
	LY-2			无碱活性	
	LY-3		0.08	无碱活性	
万欣石料厂	WX-1	0.031		无碱活性	无碱活性
	WX-2	0.026	0.03	无碱活性	
	WX-3	0.021	0.05	无碱活性	
千尺山石料厂	1	0.018		无碱活性	无碱活性
	2		0.074	无碱活性	
	3		0.058	无碱活性	
	4		0.062	无碱活性	

4.1.1.3 许昌市

在许昌市禹州大赢、青山岭、吕沟、新吕沟、鸡山、角子山进行了取样,其中角子山分别在 2004 年和 2007 年进行了两次取样,且进行了岩相法、砂浆棒快速法、岩石柱法及快速压蒸法试验。试验结果如表 4-7、表 4-8 所示。

表 4-7 许昌市集料岩相法试验成果汇总

取样地点	试样编号	灰岩类型	矿物成分	岩相法结论
大赢 (∈2zh)	DY-1	生物屑泥粉晶灰岩	方解石 80%～85%,白云石 15%～20%,少量黏土质、铁泥质	不具碱活性
	DY-2	白云石化亮晶鲕粒灰岩	方解石 60%～65%,白云石 35%～40%,少量铁泥质	不具碱活性
	DY-3	生物屑泥粉晶灰岩	方解石 80%～85%,白云石 15%～20%	不具碱活性
	DY-4	生物屑泥粉晶灰岩	方解石 70%～75%,白云石 25%～30%,少量铁泥质、黏土质	不具碱活性
	DY-5	亮粉晶砂屑灰岩	方解石 95%,白云石 3%～5%,微晶石英 1%～2%	不具碱活性
青山岭 (∈2zh)	QSL-1	白云石化亮晶鲕粒灰岩	方解石 80%～85%,白云石 10%～15%,黏土质 2%～3%,少量石英	潜在碱碳酸盐活性
	QSL-2	白云石化亮晶鲕粒灰岩	方解石 85%～90%,白云石 10%,石英 1%～2%,黏土质 1%～2%	具潜在碱硅酸、碱碳酸盐活性
	QSL-3	白云石化亮晶鲕粒灰岩	方解石 90%,白云石 5%～10%,黏土质 1%～2%,少量石英	具潜在碱碳酸盐活性
	QSL-4	白云石化亮晶鲕粒灰岩	方解石 70%～75%,白云石 20%～25%,黏土质 2%～3%,少量石英	具潜在碱碳酸盐活性
	QSL-5	亮晶鲕粒灰岩	方解石 90%,白云石 5%,石英 2%～3%,黏土质 1%～2%	具潜在碱硅酸、碱碳酸盐活性
	QSL-6	白云石化亮晶鲕粒灰岩	方解石 85%～90%,白云石 10%～15%,黏土质 1%～2%,少量石英	具潜在碱碳酸盐活性
	QSL-7	白云石化泥晶鲕粒灰岩	方解石 85%～90%,白云石 10%～15%,黏土质 1%～2%,少量石英	具潜在碱碳酸盐活性

续表 4-7

取样地点	试样编号	灰岩类型	矿物成分	岩相法结论
吕沟 （∈2zh）	LG－1	白云石化泥晶鲕粒灰岩	方解石90%，白云石10%，石英1%～2%	不具碱活性
	LG－2	白云石化亮晶鲕粒灰岩	方解石65%～70%，白云石25%～30%，黏土质2%～3%，石英1%～2%	具潜在碱硅酸、碱碳酸盐活性
	LG－3	白云石化鲕粒灰岩	方解石75%～80%，白云石20%～25%，黏土质2%～3%，少量石英	具潜在碱碳酸盐活性
	LG－4	白云石化亮晶鲕粒灰岩	方解石90%～95%，白云石5%～10%，黏土质2%～3%，少量石英	具潜在碱碳酸盐活性
	LG－5	白云石化亮晶鲕粒灰岩	方解石90%～95%，白云石5%～10%，黏土质2%～3%，少量石英	具潜在碱碳酸盐活性
	LG－6	白云石化亮晶鲕粒灰岩	方解石85%～90%，白云石10%，黏土质2%～3%，石英1%～2%	具潜在碱硅酸、碱碳酸盐活性
	LG－7	白云石化石英含鲕粒粉细晶灰岩	方解石55%～60%，石英、长石20%～25%，白云石10%～15%，黏土质3%～4%	具潜在碱硅酸、碱碳酸盐活性
新吕沟 （∈2zh）	XLG－1	白云石化泥晶灰岩	方解石90%～95%，白云石5%～10%，黏土质2%～3%。	具潜在碱碳酸盐活性
	XLG－2	白云石化生物屑泥粉晶灰岩	方解石75%～80%，白云石20%～25%，黏土质2%～3%，少量石英	具潜在碱碳酸盐活性
	XLG－3	白云石化含生物屑泥粉晶灰岩	方解石75%～80%，白云石20%～25%，黏土质2%～3%	具潜在碱碳酸盐活性
	XLG－4	白云石化含生物屑泥粉晶灰岩	方解石75%～80%，白云石20%～25%，黏土质2%～3%	具潜在碱碳酸盐活性
	XLG－5	白云石化泥粉晶生物屑灰岩	方解石95%，白云石2%～3%，少量石英	具潜在碱碳酸盐活性
鸡山 （∈2zh）	GS－1	泥晶鲕粒灰岩	方解石90%～95%，石英2%～3%，白云石2%～3%，黏土质1%～2%	具潜在碱硅酸、碱碳酸盐活性
	GS－2	亮晶鲕粒灰岩	方解石90%～95%，白云石5%，黏土质1%～2%，少量石英	具潜在碱碳酸盐活性
	GS－3	亮晶鲕粒灰岩	方解石90%～95%，白云石5%，黏土质1%～2%，少量石英	具潜在碱碳酸盐活性

续表 4-7

取样地点	试样编号	灰岩类型	矿物成分	岩相法结论
鸡山 ($\in_{2zh}$)	GS-4	亮晶鲕粒 灰岩	方解石 95%，白云石 2%～3%，黏土质 1%～2%，少量石英	具潜在碱碳酸盐活性
	GS-5	生物屑泥粉晶 灰岩	方解石 90%～95%，白云石 5%，黏土质 1%～2%，少量石英	具潜在碱碳酸盐活性
	GS-6	生物屑泥粉晶 灰岩	方解石 90%～95%，白云石 5%，黏土质 1%～2%，少量石英	具潜在碱碳酸盐活性
角子山 ($\in_{2x}$)	角子山 06-1	粉-亮晶砂屑 生物屑灰岩	方解石 85%～90%，白云石 3%～4%，黏土质 5%～10%，石英 1%～2%	具潜在碱碳酸盐、碱硅活性
	角子山 06-2	粉晶鲕粒 白云质灰岩	方解石 60%～65%，白云石 25%～30%，黏土质 5%～10%，石英 1%～2%	具潜在碱碳酸盐、碱硅活性
	角子山 06-3	泥-粉晶含 白云石灰岩	方解石 70%，白云石 15%～20%，黏土质 10%，石英 1%～2%	具潜在碱碳酸盐、碱硅活性
	角子山 06-4	泥-粉晶含 白云石灰岩	方解石 65%，白云石 20%～25%，黏土质 10%，石英 1%～2%	具潜在碱碳酸盐、碱硅活性
	角子山 06-5	泥-粉晶含 白云石灰岩	方解石 70%，白云石 20%～25%，黏土质 5%，石英 1%～2%	具潜在碱碳酸盐、碱硅活性
	角子山 06-6	泥-粉晶灰岩	方解石 85%～90%，白云石 5%，黏土质 5%，石英 1%～2%	具潜在碱碳酸盐、碱硅活性
	角子山 06-7	泥-粉晶含 白云石灰岩	方解石 70%～75%，白云石 15%～20%，黏土质 5%～10%，石英 1%～2%	具潜在碱碳酸盐、碱硅活性
	角子山 06-8	生物屑泥- 粉晶灰岩	方解石 80%，白云石 10%，黏土质 10%，石英 1%～2%	具潜在碱碳酸盐、碱硅活性
	角子山 06-9	泥-粉晶含 白云石灰岩	方解石 65%～70%，白云石 20%～25%，黏土质 5%～10%，石英 1%～2%	具潜在碱碳酸盐、碱硅活性
	角子山 06-10	泥-粉晶含 白云石灰岩	方解石 65%～70%，白云石 20%～25%，黏土质 5%～10%，石英 1%～2%	具潜在碱碳酸盐、碱硅活性
角子山 ($\in_{2x}$)	04-1	鲕状灰岩	方解石 90%～95%，白云石 5%～10%	不具碱活性
	04-2	豹皮灰岩	方解石 65%～70%，白云石 30%～35%	不具碱活性

表 4-8　许昌市集料碱活性试验成果汇总

地点	岩样编号	砂浆长度法膨胀率(%)	岩石柱法膨胀率(%)	砂浆棒快速法膨胀率(%)	试验结论	料场集料碱活性
青山岭	QSL-1		0.06		非碱活性	非碱活性
	QSL-2	0.029	0.08		非碱活性	
	QSL-3		0.08		非碱活性	
	QSL-4		0.08		非碱活性	
	QSL-5	0.016	0.08		非碱活性	
	QSL-6		0.06		非碱活性	
	QSL-7		0.06		非碱活性	
吕沟	LG-1				—	碱硅活性
	LG-2	0.013	0.06	0.13	碱硅活性	
	LG-3		0.09		非碱活性	
	LG-4		0.09		非碱活性	
	LG-5		0.06		非碱活性	
	LG-6	0.050	0.06	0.13	碱硅活性	
	LG-7	0.166	0.06	0.18	碱硅活性	
新吕沟	XLG-1		0.09		非碱活性	非碱活性
	XLG-2		0.06		非碱活性	
	XLG-3		0.06		非碱活性	
	XLG-4		0.06		非碱活性	
	XLG-5		0.09		非碱活性	
鸡山	GS-1	0.035	0.06	0.13	碱硅活性	碱硅活性
	GS-2		0.06		非碱活性	
	GS-3		0.06		非碱活性	
	GS-4		0.06		非碱活性	
	GS-5		0.06		非碱活性	
	GS-6		0.06		非碱活性	

续表4-8

地点	岩样编号	砂浆长度法膨胀率(%)	岩石柱法膨胀率(%)	砂浆棒快速法膨胀率(%)	试验结论	料场集料碱活性
角子山	角子山06－1	0.064	0.105		碱碳酸盐活性	碱碳酸盐活性
	角子山06－2	0.059	0.052		非碱活性	
	角子山06－3	0.069	0.052		非碱活性	
	角子山06－4	0.051	0.054		非碱活性	
	角子山06－5	0.076	0.176		碱碳酸盐活性	
	角子山06－6	0.060	0.118		碱碳酸盐活性	
	角子山06－7	0.098	0.187		碱碳酸盐活性	
	角子山06－8	0.060	0.108		碱碳酸盐活性	
	角子山06－9	0.043	0.079		非碱活性	
	角子山06－10	0.050	0.127		碱碳酸盐活性	

4.1.1.4　平顶山市

在平顶山市郏县众合、天山、谒主沟,宝丰大荆山、大营、朱庄进行了取样,并分别进行了岩相法、砂浆棒快速法、岩石柱法试验。试验结果如表4-9、表4-10所示。

表4-9　平顶山市石料场岩相法试验成果汇总

取样地点	试样编号	灰岩类型	矿物成分	岩相法结论
众合 (∈₃g)	ZH-1	鲕粒白云岩	白云石约95%,铁质2%~3%,黏土质约1%,石英约1%	不具碱活性
	ZH-2	鲕粒白云岩	白云石约96%,铁质2%~3%,黏土质<1%,石英<1%	不具碱活性
	ZH-3	白云岩	白云石90%~95%,方解石3%~5%,铁质1%~2%,黏土质<1%	不具碱活性
	ZH-4	鲕粒白云岩	白云石90%~95%,方解石2%~3%,铁质2%~3%,黏土质<1%,石英1%~2%	不具碱活性
	ZH-5	鲕粒白云岩	白云石90%~95%,方解石2%~3%,铁质2%~3%,黏土质<1%,石英1%	不具碱活性
天山 (∈₂zh)	JXGX-1	白云石化亮晶鲕粒灰岩	方解石60%~65%,白云石35%~40%,少量铁泥质	不具碱活性
	JXGX-2	白云石化亮晶鲕粒灰岩	方解石85%,白云石15%,少量铁泥质	不具碱活性
	JXGX-3	白云石化亮晶鲕粒灰岩	方解石75%,白云石20%~25%,铁泥质、黏土质2%~3%	具潜在碱碳酸盐活性
	JXGX-4	白云石化泥粉晶灰岩	方解石50%~55%,白云石45%,铁泥质、黏土质2%~3%	具潜在碱碳酸盐活性
	JXGX-5	白云石化亮晶鲕粒灰岩	方解石80%,白云石15%~20%,铁泥质、黏土质2%~3%	具潜在碱碳酸盐活性
谒主沟 (∈₃g)	YZG-1	中-细晶白云岩	白云石90%~95%,方解石5%,铁质1%~2%	不具碱活性
	YZG-2	中晶白云岩	白云石97%~98%,铁质2%~3%,少量石英	不具碱活性
	YZG-3	粉-细晶白云岩	白云石96%,铁质2%~3%,方解石1%~2%	不具碱活性
	YZG-4	中-细晶白云岩	白云石96%~97%,铁质2%~3%,方解石1%,少量石英	不具碱活性
	YZG-5	中-细晶白云岩	白云石96%~97%,铁质2%~3%,方解石1%,少量长石	不具碱活性
	YZG-6	中-细晶白云岩	白云石94%,铁质3%~4%,方解石2%~3%	不具碱活性
	YZG-7	中-细晶白云岩	白云石95%,铁质2%~3%,方解石2%~3%	不具碱活性
	YZG-8	细晶白云岩	白云石93%,铁质3%~4%,方解石3%~4%	不具碱活性

续表4-9

取样地点	试样编号	灰岩类型	矿物成分	岩相法结论
大营 ($\in_{2zh}$)	大营06-1	粉-细晶白云石质灰岩	方解石65%～70%，白云石25%～30%	不具碱活性
	大营06-2	亮晶鲕粒灰岩	方解石90%，白云石5%～10%，黏土质、铁泥质2%～3%	具潜在碱碳酸盐活性
	大营06-3	生物屑泥粉晶灰岩	方解石45%～50%，白云石45%～50%，黏土质4%～5%	具潜在碱碳酸盐活性
	大营06-4	生物屑泥粉晶灰岩	方解石50%，白云石45%～50%，石英1%～2%	具潜在碱硅活性
	大营06-5	亮晶鲕粒灰岩	方解石90%，白云石5%～10%，黏土质、铁泥质4%～5%	具潜在碱碳酸盐活性
大荆山 ($\in_{2x}$)	大荆山06-1	亮晶鲕粒灰岩	方解石85%～90%，白云石5%～10%，黏土质、铁泥质4%～5%，石英1%～2%	具潜在碱碳酸盐、碱硅活性
	大荆山06-2	亮晶鲕粒灰岩	方解石95%，黏土质、铁泥质4%～5%	具潜在碱碳酸盐活性
朱庄 ($\in_{2x}$)	朱庄06-1	亮晶鲕粒灰岩	方解石97%，黏土质、铁泥质2%～3%，少量海绿石及白云石	具潜在碱碳酸盐活性
	朱庄06-2	含生物泥粉晶灰岩与亮晶鲕粒灰岩互层	方解石80%～85%，白云石5%～10%，黏土质、铁泥质5%～10%，石英2%～3%，少量海绿石	具潜在碱碳酸盐、碱硅活性
大荆山 ($\in_{2x}$)	大荆山-1	鲕状白云质灰岩	方解石、白云石	具潜在碱碳酸盐活性
	大荆山-2	鲕状白云质灰岩	方解石、白云石	具潜在碱碳酸盐活性
	大荆山-3	鲕状白云质灰岩	方解石、白云石	具潜在碱碳酸盐活性
朱庄 ($\in_{2x}$)	朱庄-1	鲕状灰岩	方解石、白云石	具潜在碱碳酸盐活性
	朱庄-2	鲕状灰岩	方解石、白云石	具潜在碱碳酸盐活性
	朱庄-3	鲕状泥灰岩	方解石、白云石	具潜在碱碳酸盐活性

表 4-10　平顶山市石料场碱活性试验成果汇总

地点	岩样编号	砂浆长度法膨胀率（%）	岩石柱法膨胀率（%）	砂浆棒快速法膨胀率(%)	试验结论	料场集料碱活性
郏县天山	JXGX－3			0.08	无碱活性	无碱活性
	JXGX－4			0.11	无碱活性*	
	JXGX－5			0.09	无碱活性	
宝丰大营	大营06－2		0.083		无碱活性	无碱活性
	大营06－3		0.077		无碱活性	
	大营06－4	0.028			无碱活性	
	大营06－5		0.051		无碱活性	
宝丰大荆山	大荆山06－1	0.010	0.053		无碱活性	无碱活性
	大荆山06－2		0.055		无碱活性	
宝丰朱庄	朱庄06－1		0.057		无碱活性	无碱活性
	朱庄06－2	0.072	0.084		无碱活性	
宝丰大营	大营－1		0.08		无碱活性	无碱活性
	大营－2		0.09		无碱活性	
	大营－3		0.08		无碱活性	
宝丰大荆山	大荆山－1		0.155		有碱碳酸盐活性	有碱碳酸盐活性
	大荆山－2		0.098		无碱活性	
	大荆山－3		0.107		有碱碳酸盐活性	
宝丰朱庄	朱庄－1		0.212		有碱碳酸盐活性	有碱碳酸盐活性
	朱庄－2		0.149		有碱碳酸盐活性	
	朱庄－3		0.192		有碱碳酸盐活性	

注：* 经试验单位判定该组岩石为非活性。

在燕山取3组6个灰岩岩样，试验结果如表4-11、表4-12所示。

表 4-11　燕山灰岩岩相法试验成果汇总

试样编号	灰岩类型	矿物成分	岩相法结论
1、2	白云质灰岩	方解石 55%～80%，白云石 5%～30%，黏土矿物 10%～15%，玉髓（硅质）2%～3%，铁质 <1%	（1）含 1%～3% 的具碱硅活性的玉髓； （2）含一定量的自形白云石和黏土质，具碱硅、碱碳酸盐活性
3	条带状灰岩	方解石 85%～90%，白云石 10%，石英 1%～3%，铁泥质 <1%	含微晶石英、自形白云石和少量黏土质，具潜在碱硅、碱碳酸盐活性
4		粉晶白云石 97%，石英 2%～3%，黏土质 <1%	具潜在碱硅活性
5、6	豹皮灰岩	方解石 50%，白云石 40%～45%，石膏 5%～10%，铁质 <1%	属非碱活性集料

表 4-12　燕山碱活性试验成果汇总

产地	样品	方向	膨胀率（%）	判别
燕山 ($\in_{2x}$)	白云质灰岩	X	0.004	非活性
		Y	0.001	
		Z	0.000	
	条带状灰岩	X	0.000	非活性
		Y	0.001	
		Z	0.001	
	豹皮灰岩	X	0.000	非活性
		Y	0.002	
		Z	0.004	

粉晶含硅质、黏土质白云质灰岩岩相法图片－1 如图 4-1 所示。

粉晶含硅质、黏土质白云质灰岩岩相法图片－2 如图 4-2 所示。

图 4-1　粉晶含硅质、黏土质白云质灰岩岩相法图片 – 1

图 4-2　粉晶含硅质、黏土质白云质灰岩岩相法图片 – 2

泥粉晶颗粒含石英、白云石灰岩岩相法图片如图 4-3 所示。

图 4-3 泥粉晶颗粒含石英、白云石灰岩岩相法图片

粉晶含石英白云岩岩相法图片如图 4-4 所示。

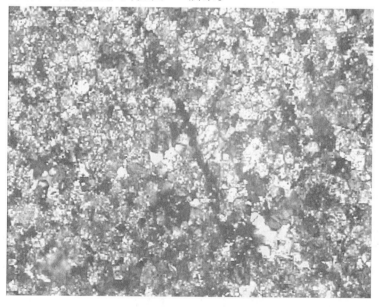

图 4-4 粉晶含石英白云岩岩相法图片

粉晶含石膏云质灰岩岩相法图片如图 4-5 所示。

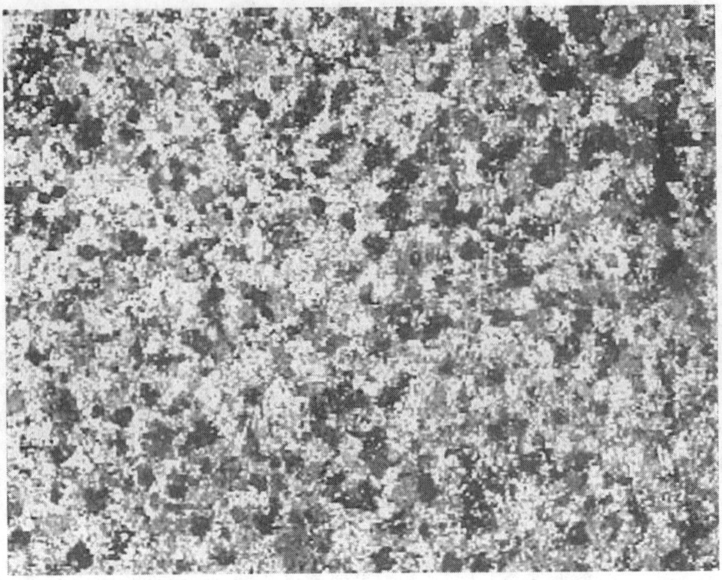

图 4-5　粉晶含石膏云质灰岩岩相法图片

4.1.2　奥陶系

本省奥陶系主要分布在三门峡—禹州以北地区及淅川—内乡一带,确山县城东南及永城市芒砀山等地有零星出露。根据大地构造单元、地层发育情况、岩性组合及生物群面貌等方面特征,将地层区划分为华北地层区和秦岭地层区。华北地层区包括豫北—豫东地层分区和豫西地层分区(济源—荥阳地层小区和渑池—禹州地层小区);秦岭地层区包括北秦岭地层分区和南秦岭地层分区(淅川—邓州地层小区)。

华北地层区奥陶系为碳酸盐岩相,属地台型沉积。博爱以北地区下奥陶统和寒武统整合接触,博爱以南地区缺失下奥陶统,中奥陶统平行不整合接触于寒武统之上。全区缺失上奥陶统。中上石炭统平行不整合接触于中奥陶统不同层位上。出露厚度为 14 ~ 597 m。秦岭地层区奥陶统为冒地槽型沉积。主要岩性为灰岩、火山岩及泥质粉砂岩等。区内奥陶统与下伏寒武统为整合接触。沉积厚度一般在 1 000 m 以内。

4.1.2.1　安阳市

安阳水冶红兴分别在 2004 年、2006 年、2008 年取样 1、5、6 组,其试验结果如表 4-13、表 4-14 所示。

表 4-13　安阳水冶红兴碱活性试验成果

地点	地质年代	试样编号	灰岩类型	矿物成分	岩相法结论
水冶	O_{2x}	04-1	含生物屑砂屑泥粉晶灰岩	方解石97%,石英2%~3%	含碱硅酸活性成分
		06-1	灰岩	方解石99%,少量铁质	非碱活性岩石
		06-2	砂屑泥粉晶灰岩	方解石90%~95%,石英5%~10%,少量铁质	含碱硅酸活性成分
		06-3	含生物屑砂屑泥粉晶灰岩	方解石98%,石英1%~2%	非碱活性岩石
		06-4	含生物泥粉晶白云石化灰岩	方解石75%,白云石20%~25%,石英1%~2%	非碱活性岩石
		06-5	砂屑泥粉晶含白云石化灰岩	方解石85%,白云石5%~10%,石英5%~10%	含碱硅酸活性成分
		08-1	砂屑泥粉晶灰岩	方解石90%~95%,白云石5%,铁质2%~3%,石英1%~2%	含碱硅酸活性成分
		08-2	生物屑泥晶灰岩	方解石85%~90%,铁质5%~10%,石英及硅质2%~3%	含碱硅酸活性成分
		08-3	砂屑泥晶灰岩	方解石90%,铁质5%,白云石3%~4%,石英1%~2%	含碱硅酸活性成分
		08-4	粉晶砂屑灰岩	方解石>99%,少量石英	非碱活性岩石
		08-5	含生物屑泥晶灰岩	方解石75%~80%,白云石15%~20%,石英5%,铁质1%~2%	含碱硅酸活性成分
		08-6	粉晶砂屑灰岩	方解石97%~98%,白云石2%~3%,少量石英、铁质	非碱活性岩石

表 4-14　安阳水冶红兴碱活性试验成果汇总

岩性	试样编号	岩相法结论	砂浆棒法（ASTM C1260—94）膨胀率(%)	碱活性判别
灰岩(O_{2x})	HX06-1	无碱活性成分	—	非活性
	HX06-2	含碱硅酸活性成分	0.045	非活性
	HX06-3	无碱活性成分	—	非活性
	HX06-4	无碱活性成分	—	非活性
	HX06-5	含碱硅酸活性成分	0.021	非活性
	HX04-1	含碱硅酸活性成分	0.105	疑似碱硅活性
	红兴1	含碱硅酸活性成分	0.016	非活性
	红兴2	含碱硅酸活性成分	0.023	非活性
	红兴3	含碱硅酸活性成分	0.084	非活性

续表 4-14

岩性	试样编号	岩相法结论	砂浆棒法 （ASTM C1260—94） 膨胀率(%)	碱活性判别
灰岩 (O_{2x})	红兴 4	无碱活性成分	—	非活性
	红兴 5	含碱硅酸活性成分	0.058	非活性
	红兴 6	无碱活性成分	—	非活性

4.1.2.2　新乡市

　　分别在新乡市后沟、潞王坟、金田、鑫峰、东方山、马蹄沟、苏门山、辉龙石料场进行了取样试验,其结果如表 4-15～表 4-21 所示。

表 4-15　新乡灰岩岩相法试验结果汇总

地点	地质年代	试样编号	灰岩类型	主要矿物成分	岩相法结论
后沟	O_{2s}	04 – 1	泥晶灰岩	方解石 >99%,石英 <1%	非碱活性岩石
		06 – 1	硅化去白云石化泥晶灰岩	方解石 95%,硅质及石英 5%,少量铁质	含碱硅酸活性成分
		06 – 2	含生物屑泥晶灰岩	方解石 >99%	非碱活性岩石
		06 – 3	硅化砂屑灰岩	方解石 95%,硅质及石英 5%,少量铁质	含碱硅酸活性成分
		06 – 4	去白云石化含生物屑砂屑泥粉晶灰岩	方解石 99%,石英,少量铁质 1%	非碱活性岩石
		06 – 5	白云岩	白云石 80%～85%,方解石 15%,石英 2%～3%,少量铁质	含碱硅酸活性成分
		07 – 1	去白云石化含石英泥粉晶灰岩	方解石 90%～95%,石英 5%～10%,铁质 1%～2%	含碱硅酸活性成分
		07 – 2	去白云石化含生物屑砂屑泥晶灰岩	方解石 96%～97%,石英 3%～4%,少量铁质	含碱硅酸活性成分
		07 – 3	去白云石化粉晶含生物屑砂屑灰岩	方解石 90%～95%,石英 5%,铁质 2%～3%	含碱硅酸活性成分
		07 – 4	强白云石化泥晶灰岩	白云石 50%～55%,方解石 40%～45%,铁泥质 3%～4%,石英 1%～2%	含碱硅酸、碱碳酸盐活性成分
		07 – 5	去白云石化含生物屑泥粉晶灰岩	方解石 95%,石英 3%～4%,铁质 1%～2%	含碱硅酸活性成分
潞王坟	O_{2s}	04 – 1	含生物屑泥晶灰岩	方解石 >98%,白云石 1%,黏土质 <1%	非碱活性岩石
		04 – 2	泥粉晶灰岩	方解石 98%,白云石 1%～2%,石英 <1%	非碱活性岩石

续表 4-15

地点	地质年代	试样编号	灰岩类型	主要矿物成分	岩相法结论
金田、鑫峰、东方山	O$_{2s}$	08-1	亮晶砂屑灰岩	方解石97%,白云石1%~2%,石英1%~2%,少量黏土质	含碱硅酸、碱碳酸盐活性成分
		08-2	含砂屑生物屑泥晶灰岩	方解石80%,白云石5%,石英5%~10%,黏土质5%~10%	含碱硅酸、碱碳酸盐活性成分
		08-3	含生物屑泥晶灰岩	方解石90%,白云石2%~3%,石英3%~4%	含碱硅酸活性成分
		08-4	含生物屑砂屑泥晶灰岩	方解石90%~95%,白云石2%~3%,石英3%~4%,少量黏土质、铁质	含碱硅酸、碱碳酸盐活性成分
		08-5	含生物屑砂屑泥晶灰岩	方解石80%~85%,白云石3%~4%,石英5%~10%,黏土质及少量铁质5%	含碱硅酸、碱碳酸盐活性成分
		D08-6	白云石化亮晶鲕粒灰岩	方解石55%~60%,白云石35%~40%,铁泥质1%~2%,硅质(石英)1%~2%	含碱硅酸、碱碳酸盐活性成分
		D08-7	亮晶鲕粒灰岩	方解石85%~90%,白云石5%~10%,硅质(石英)2%~3%,铁泥质1%~2%	含碱硅酸、碱碳酸盐活性成分
		D08-8	亮晶鲕粒灰岩	方解石85%~90%,白云石5%~10%,铁泥质1%~2%,石英1%~2%	含碱硅酸、碱碳酸盐活性成分
马蹄沟	O$_{2x}$	07-1	含砂屑生物屑泥粉晶灰岩	方解石98%~99%,石英1%~2%,少量铁质	含碱硅酸活性成分
		07-2	白云石化泥晶灰岩	方解石60%~65%,白云石30%~35%,铁泥质3%~4%,石英1%~2%	含碱硅酸、碱碳酸盐活性成分
		07-3	灰质白云岩	白云石80%~85%,方解石10%~15%,石英3%~4%	含碱硅酸活性成分
		07-4	白云石化泥晶灰岩	方解石65%~70%,白云石25%~30%,铁泥质2%~3%,石英1%~2%	含碱硅酸、碱碳酸盐活性成分
		07-5	白云石化泥晶灰岩	方解石70%~75%,白云石20%~25%,铁泥质3%~4%,石英1%~2%	含碱硅酸、碱碳酸盐活性成分
苏门山	O$_{2s}$	05-1	泥灰岩	方解石100%	非碱活性岩石

表 4-16 辉龙石料场岩相法试验结果汇总

取样地点	试样编号	灰岩类型	矿物成分	岩相法结论
辉龙石料场	HL-1	角砾状粉细晶灰岩	方解石55%~60%,铁泥质和有机质30%~35%,石英10%,白云石1%~2%	具潜在碱硅、碱碳酸盐活性
	HL-2	泥晶灰岩	方解石90%~95%,铁质3%~4%,石英1%~2%,少量黏土质	具潜在碱硅活性
	HL-3	含砂屑粉细晶灰岩	方解石55%~60%,铁泥质和有机质25%~30%,硅质及少量石英10%~15%,白云石1%~2%	具潜在碱硅、碱碳酸盐活性
	HL-4	泥晶灰岩	方解石98%~99%,石英1%~2%	具潜在碱硅活性
	HL-5	内碎屑泥晶灰岩	方解石98%~99%,铁质2%~3%,石英1%~2%	具潜在碱硅活性

表 4-17　苏门山、潞王坟碱活性试验结果汇总

地点	试样编号	岩相法结论	岩石柱法膨胀率(%)	碱活性判别
苏门山	05 – 1	非碱活性	—	非碱活性
潞王坟	04 – 1	非碱活性	0.031	非碱活性
	04 – 2	非碱活性	0.082	非碱活性

表 4-18　后沟碱活性试验结果汇总

试样编号	岩相法试验结果	岩石柱法膨胀率(%)	砂浆棒快速法膨胀率(%)	试验结论	料场碱活性判别
HG04 – 1	不含碱活性成分	0.088	—	非碱活性	非碱活性
HG06 – 1	含碱硅酸活性成分	—	0.056	非碱活性	
HG06 – 2	不含碱活性成分	—	—	非碱活性	
HG06 – 3	含碱硅酸活性成分	—	0.016	非碱活性	
HG06 – 4	不含碱活性成分	—	—	非碱活性	
HG06 – 5	含碱硅酸活性成分	—	0.009	非碱活性	
后沟 07 – 1	含碱硅酸活性成分	—	0.042	非碱活性	非碱活性
后沟 07 – 2	含碱硅酸活性成分	—	0.020	非碱活性	
后沟 07 – 3	含碱硅酸活性成分	—	0.067	非碱活性	
后沟 07 – 4	含碱硅酸、碱碳酸盐活性成分	0.060	0.036	非碱活性	
后沟 07 – 5	含碱硅酸活性成分	—	0.016	非碱活性	

表 4-19　金田、鑫峰、东方山碱活性试验结果汇总

岩性	试样编号	岩相法试验结果	岩石柱法膨胀率(%)	砂浆棒快速法膨胀率(%)	试验结论	料场集料碱活性判别
灰岩(O₂ₓ)	5 – 1	含碱碳酸盐、碱硅酸活性成分	0.03	0.028	非碱活性	非碱活性
	5 – 2	含碱碳酸盐、碱硅酸活性成分	0.03	0.083	非碱活性	
	5 – 3	含碱硅酸活性成分	—	0.009	非碱活性	
	5 – 4	含碱碳酸盐、碱硅酸活性成分	0.06	0.012	非碱活性	
	5 – 5	含碱碳酸盐、碱硅酸活性成分	0.06	0.018	非碱活性	
	东方 – 1	含碱硅酸、碱碳酸盐活性成分	0.05	0.010	非碱活性	
	东方 – 2	含碱硅酸、碱碳酸盐活性成分	0.06	0.010	非碱活性	
	东方 – 3	含碱硅酸、碱碳酸盐活性成分	0.05	0.012	非碱活性	

表4-20　马蹄沟碱活性试验结果汇总

试样编号	岩相法试验结果	岩石柱法膨胀率(%)	砂浆棒快速法膨胀率(%)	试验结论	料场集料碱活性判别
07-1	含碱硅酸活性成分	—	0.009	非碱活性	疑似碱硅酸活性
07-2	含碱硅酸、碱碳酸盐活性成分	0.077	0.009	非碱活性	
07-3	含碱硅酸活性成分	—	0.127	疑似碱硅酸活性	
07-4	含碱硅酸、碱碳酸盐活性成分	0.056	0.027	非碱活性	
07-5	含碱硅酸、碱碳酸盐活性成分	0.056	0.006	非碱活性	

表4-21　辉龙石料场碱活性试验结果汇总

试样编号	岩相法试验结果	岩石柱法膨胀率(%)	砂浆棒快速法膨胀率(%)	试验结论	料场集料碱活性判别
HL-1	含碱碳酸盐、碱硅活性成分	0.06	0.226	碱硅活性	碱硅活性
HL-2	含碱硅活性成分	—	0.011	非碱活性	
HL-3	含碱碳酸盐、碱硅活性成分	0.08	0.312	碱硅活性	
HL-4	含碱硅活性成分	—	0.007	非碱活性	
HL-5	含碱硅活性成分	—	0.007	非碱活性	

4.1.2.3　焦作市

分别在焦作市回头山、杨升、中州铝厂石料场、西村进行了取样试验,其结果如表4-22~表4-25所示。

表4-22　焦作岩相法试验结果汇总

地点	地质年代	试样编号	灰岩类型	矿物成分	岩相法结论
回头山	O_{2s}	04-1	灰质白云岩	白云石50%~55%,方解石45%~50%,偶见微晶石英,少量黏土质	含碱碳酸盐活性成分
		04-2	泥粉晶砂屑灰岩	方解石>99%,石英<1%	非碱活性岩石
杨升、中州铝厂石料场	O_{2s}	08-1	泥晶灰岩	方解石85%~90%,白云石3%~4%,石英1%~2%,黏土质5%	含碱硅酸、碱碳酸盐活性成分
		08-2	含生物屑砂屑泥晶灰岩	方解石90%,白云石2%~3%,石英1%~2%,黏土质5%~6%	含碱硅酸、碱碳酸盐活性成分
		08-3	含生物屑泥晶灰岩	方解石90%,石英3%~4%,白云石1%~2%,黏土质5%~6%	含碱硅酸、碱碳酸盐活性成分
		08-4	含砂屑泥粉晶灰岩	方解石97%,黏土质2~3%	非碱活性岩石
		08-5	含生物屑泥晶灰岩	方解石99%	非碱活性岩石

续表 4-22

地点	地质年代	试样编号	灰岩类型	矿物成分	岩相法结论
西村	O₂ₛ	04 – 1	白云质灰岩	方解石 70% ~80%，白云石 20% ~30%	非碱活性
		04 – 2	灰质白云岩	白云石 75% ~80%，方解石 15% ~20%，黏土质 <5%	含碱碳酸盐活性成分
		07 – 1	泥粉晶灰岩	方解石 >99%，少量石英	非碱活性
		07 – 2	泥晶白云质灰岩	方解石 60% ~65%，白云石 35% ~40%，少量黏土质	含碱碳酸盐活性成分
		07 – 3	泥晶灰岩	方解石 100%	非碱活性
		07 – 4	灰质白云岩	白云石 60% ~65%，方解石 35% ~40%，少量铁质、石英	非碱活性
		07 – 5	灰质白云岩	白云石 55% ~60%，方解石 40% ~45%，少量石英、铁质	非碱活性
		07 – 6	泥晶灰岩	方解石 >99%，石英 <1%	非碱活性
		07 – 7	泥晶灰岩	方解石 100%	非碱活性
		07 – 8	泥晶灰岩	方解石 100%	非碱活性
		07 – 9	粉晶灰岩	方解石 >99%，少量铁质	非碱活性
		07 – 10	泥晶灰岩	方解石 >99%，少量铁质	非碱活性
		07 – 11	泥粉晶灰岩	方解石 99%，铁质 1%	非碱活性
		07 – 12	去白云石化含生物屑粉细晶灰岩	方解石 85% ~90%，白云石 10% ~15%，少量黏土质	含碱碳酸盐活性成分
		07 – 13	粉晶白云岩	白云石 85% ~90%，方解石 10% ~15%	非碱活性
		07 – 14	白云石化泥晶灰岩	白云石 55% ~60%，方解石 40% ~45%，微晶石英 2% ~3%	含碱硅酸活性成分
		07 – 15	硅化强白云石化泥粉晶灰岩	白云石 60% ~65%，方解石 40%，硅质石英 2% ~3%，铁质 1% ~2%，少量黏土质	含碱硅酸、碱碳酸盐活性成分
		07 – 16	泥粉晶灰岩	方解石 100%	非碱活性

表 4-23 回头山碱活性试验结果汇总

地点	试样编号	岩相法	岩石柱法膨胀率(%)	碱活性判别
回头山	04 – 1	含碱碳酸盐活性成分	0.026	非碱活性
	04 – 2	非碱活性	0.052	非碱活性

表4-24　杨升、中州铝厂石料场碱活性试验结果汇总

试样编号	岩相法试验结果	岩石柱法膨胀率(%)	砂浆棒快速法膨胀率(%)	试验结论	料场集料碱活性判别
8-1	含碱碳酸盐、碱硅活性成分	0.03	0.016	非碱活性	非碱活性
8-2	含碱碳酸盐、碱硅活性成分	0.06	0.015	非碱活性	
8-3	含碱碳酸盐、碱硅活性成分	0.03	0.025	非碱活性	
8-4	不含碱活性成分	—	—	非碱活性	
8-5	不含碱活性成分	—	—	非碱活性	

表4-25　西村碱活性试验结果汇总

试样编号	岩相法试验结果	岩石柱法膨胀率(%)	砂浆棒快速法膨胀率(%)	试验结论	料场集料碱活性判别
04-2	含碱碳酸盐活性成分	0.051	—	非碱活性	非碱活性
07-9	不含碱活性成分	—	—	非碱活性	
07-10	不含碱活性成分	—	—	非碱活性	
07-11	不含碱活性成分	—	—	非碱活性	
07-12	含碱碳酸盐活性成分	0.056	—	非碱活性	
07-13	不含碱活性成分	—	—	非碱活性	
07-14	含碱硅酸活性成分	—	0.044	非碱活性	
07-15	含碱硅酸、碱碳酸盐活性成分	0.053	0.028	非碱活性	
07-16	不含碱活性成分	—	—	非碱活性	
04-1	不含碱活性成分	—	—	非碱活性	非碱活性
07-1	不含碱活性成分	—	—	非碱活性	
07-2	含碱碳酸盐活性成分	0.028	—	非碱活性	
07-3	不含碱活性成分	—	—	非碱活性	
07-4	不含碱活性成分	0.029	—	非碱活性	
07-5	不含碱活性成分	—	—	非碱活性	
07-6	不含碱活性成分	—	—	非碱活性	
07-7	不含碱活性成分	—	—	非碱活性	
07-8	不含碱活性成分	—	—	非碱活性	

4.1.2.4　郑州市

在郑州市新密白寨进行了取样,采用岩相法检测其岩样是否具潜在碱碳酸盐活性,结果如表4-26所示,对其中三组岩样进行了岩石柱法试验,结果如表4-27所示。

表 4-26　新密白寨岩相法试验结果汇总

取样地点	试样编号	灰岩类型	矿物成分	岩相法结论
白寨 O₂ₛ	BZ-1	泥粉晶灰岩	方解石97%~98%,白云石2%~3%,少量石英	不具碱活性
	BZ-2	泥粉晶灰岩	方解石97%~98%,白云石2%~3%,少量石英	不具碱活性
	BZ-3	泥粉晶灰岩	方解石99%,石英1%	不具碱活性
	BZ-4	泥粉晶灰岩	方解石80%~85%,白云石10%~15%, 黏土质2%~3%	具潜在碱碳酸盐活性
	BZ-5	泥粉晶灰岩	方解石80%~85%,白云石10%~15%, 黏土质2%~3%	具潜在碱碳酸盐活性
	BZ-6	泥粉晶灰岩	方解石80%~85%,白云石10%~15%, 黏土质2%~3%	具潜在碱碳酸盐活性

表 4-27　新密白寨碱活性试验结果汇总

岩样编号	岩石柱法膨胀率(%)	试验结论
BZ-4	0.03	非碱碳酸盐活性
BZ-5	0.06	非碱碳酸盐活性
BZ-6	0.06	非碱碳酸盐活性

　　通过以上表分析可知,共对 37 个石料场进行了调查,取样 259 组,试验 479 次。岩样年代分别为寒武系上统崮山组($\in_{3g}$)、寒武系中统张夏组($\in_{2zh}$)、寒武系中统徐庄组($\in_{2x}$)、奥陶系中统上马家沟组(O_{2s})和奥陶系中统下马家沟组(O_{2x}),省内石料场之所以经常以以上几个年代的岩层作为石料,这是因为这些地层岩层厚、质较纯、岩质较优,尤其是寒武系中统张夏组($\in_{2zh}$)、寒武系中统徐庄组($\in_{2x}$)。其中具碱活性的石料场如表 4-28 所示。

表 4-28　具碱活性石料场汇总

地点	年代	岩样编号	岩样碱活性
吕沟	$\in_{2zh}$	2、7	ASR
鸡山	$\in_{2zh}$	1	ASR
大荆山	$\in_{2x}$	1、3	ACR
角子山	$\in_{2x}$	1、5、6、7、8、10	ACR
朱庄	$\in_{2x}$	1、2、3	ACR
马蹄沟	O_{2x}	3	ASR
辉龙石料场	O_{2s}	1、3	ASR
红兴	O_{2x}	04-1	ASR

4.2　石英砂岩

石英砂岩样本分别在 5 个地点取样,其中巩义寒山寨和长葛陉山分别在 2004 年、2007 年各取过 1 次,安阳东方山在 2004 年和 2008 年分别取过样。基本情况如表 4-29 所示。

表 4-29　石英砂岩基本情况

地点	岩性	试验组数		
		岩相法	压蒸法	砂浆棒法
平顶山燕山	石英砂岩	2		2
禹州浅井	石英砂岩	5		5
巩义寒山寨	石英砂岩	5		5
巩义寒山寨	石英砂岩	1	1	
长葛陉山	石英砂岩	5		5
长葛陉山	石英砂岩	1	1	
安阳东方山人工砂料场	石英砂岩	9		9

从表 4-30 ～ 表 4-32 中可以看到,石英砂岩中石英含量至少在 75% 以上,岩相法判别其均具潜在碱硅活性,试验结果验证了这一点。其中对寒山寨和陉山两个样品采用了压蒸法进行试验,试验结果与同一批次的有差别,说明压蒸法对于石英砂岩的碱活性判别存在误差,可能会引起漏判。总结以上试验结果可知,石英砂岩是一种普遍具碱活性的石料,在工程建设中应谨慎对待。

表 4-30　石英砂岩岩相法结果

取样地点	试样编号	矿物成分	碱活性成分	岩相法结论
安阳县	AY1	石英砂 85%、岩屑砂 15%	石英砂	具潜在碱硅酸活性
	AY2	由碎屑 75% ～80% 和胶结物 20% ～25% 组成。碎屑成分主要是石英 90%、岩屑 10%	石英碎屑	具潜在碱硅酸活性
	AY3	由碎屑 80% ～85% 和胶结物 15% ～20% 组成。碎屑成分主要是石英 90%、岩屑 10%	石英碎屑	具潜在碱硅酸活性
	AY4	由碎屑 80% ～85% 和胶结物 15% ～20% 组成。碎屑成分主要是石英 85%、岩屑 15%	石英碎屑	具潜在碱硅酸活性
	AY5	由碎屑 75% ～80% 和胶结物 20% ～25% 组成。碎屑成分主要是石英 85%、岩屑 15%	石英碎屑	具潜在碱硅酸活性
	AY6	由碎屑 75% ～80% 和胶结物 20% ～25% 组成。碎屑成分主要是石英 90%、岩屑 10% 和少量电气石、铁质	石英碎屑	具潜在碱硅酸活性
	AY7	由碎屑 80% ～85% 和胶结物 15% ～20% 组成。碎屑成分主要是石英 85%、岩屑 15%	石英碎屑	具潜在碱硅酸活性
	AY8	由碎屑 80% ～85% 和胶结物 15% ～20% 组成。碎屑成分主要是石英 85%、岩屑 15%	石英碎屑	具潜在碱硅酸活性
	AY9	由碎屑 80% ～85% 和胶结物 15% ～20% 组成。碎屑成分主要是石英 75% ～80%、岩屑 20% ～25%	石英碎屑	具潜在碱硅酸活性

续表 4-30

取样地点	试样编号	矿物成分	碱活性成分	岩相法结论
禹州市	YZ1	由碎屑 85%～90%和胶结物 10%～15%组成。碎屑成分主要为石英及少量长石 85%～90%,岩屑 10%～15%,少量锆石、云母、电气石	石英碎屑	具潜在碱硅酸活性
	YZ2	由碎屑 85%～90%和胶结物 10%～15%组成。碎屑成分主要为石英及少量长石 85%～90%,岩屑 10%～16%,少量锆石、云母、电气石	石英碎屑	具潜在碱硅酸活性
	YZ3	由碎屑 85%～90%和胶结物 10%～15%组成。碎屑成分主要为石英及少量长石 85%～90%,岩屑 10%～17%,少量锆石、云母、电气石	石英碎屑	具潜在碱硅酸活性
	YZ4	由碎屑 85%～90%和胶结物 10%～15%组成。碎屑成分主要为石英及少量长石 85%～90%,岩屑 10%～18%,少量锆石、云母、电气石	石英碎屑	具潜在碱硅酸活性
	YZ5	由碎屑 85%～90%和胶结物 10%～15%组成。碎屑成分主要为石英及少量长石 85%～90%,岩屑 10%～19%,少量锆石、云母、电气石	石英碎屑	具潜在碱硅酸活性
巩义市	GY1	由碎屑 85%和胶结物 15%组成。碎屑成分主要为石英及少量长石 80%～85%,岩屑 15%,少量电气石、锆石、云母	石英碎屑	具潜在碱硅酸活性
	GY2	由碎屑 85%和胶结物 15%组成。碎屑成分主要为石英及少量长石 80%～85%,岩屑 16%,少量电气石、锆石、云母	石英碎屑	具潜在碱硅酸活性
	GY3	由碎屑 75%～80%和胶结物 20%～25%组成。碎屑成分主要为石英及少量长石 80%～85%,岩屑 15%～20%,少量电气石、锆石、云母	石英碎屑	具潜在碱硅酸活性
	GY4	由碎屑 75%～80%和胶结物 20%～25%组成。碎屑成分主要为石英及少量长石 80%～85%,岩屑 15%～20%,少量电气石、锆石、云母	石英碎屑	具潜在碱硅酸活性
	GY5	由碎屑 75%～80%和胶结物 20%～25%组成。碎屑成分主要为石英及少量长石 85%,岩屑 15%,少量电气石、锆石、云母	石英碎屑	具潜在碱硅酸活性
	GY6	由碎屑 75%～80%和胶结物 20%～25%组成。碎屑成分主要是石英、少量长石 90%,岩屑 10%	石英碎屑	具潜在碱硅酸活性

续表 4-30

取样地点	试样编号	矿物成分	碱活性成分	岩相法结论
长葛市	CG1	由碎屑80%和胶结物20%组成。碎屑成分主要为石英	石英碎屑	具潜在碱硅酸活性
	CG2	由碎屑80%和胶结物20%组成。碎屑成分主要为石英（包括少量硅质岩屑）	石英碎屑	具潜在碱硅酸活性
	CG3	由碎屑80%和胶结物20%组成。碎屑成分主要为石英（包括少量硅质岩屑）	石英碎屑	具潜在碱硅酸活性
	CG4	由碎屑80%和胶结物20%组成。碎屑成分主要为石英（包括少量硅质岩屑）	石英碎屑	具潜在碱硅酸活性
	CG5	由碎屑80%和胶结物20%组成。碎屑成分主要为石英（包括少量硅质岩屑）	石英碎屑	具潜在碱硅酸活性
	CG6	由碎屑80%和胶结物20%组成。碎屑成分主要是石英	石英碎屑	具潜在碱硅酸活性
叶县	YX1	由碎屑75%和胶结物25%组成。碎屑成分主要是石英95%、长石5%	石英碎屑	具潜在碱硅酸活性
	YX2	由碎屑70%和胶结物30%组成。碎屑成分主要是石英95%、长石5%	石英碎屑	具潜在碱硅酸活性

表 4-31　石英砂岩快速砂浆棒法试验结果

地点	取样编号	膨胀率(%)	碱活性判别
安阳县	AY1	0.107	具潜在碱硅酸活性
	AY4	0.179	具潜在碱硅酸活性
	AY5	0.257	具碱硅酸活性
	AY6	0.275	具碱硅酸活性
	AY7	0.219	具碱硅酸活性
	AY8	0.201	具碱硅酸活性
	AY9	0.206	具碱硅酸活性
禹州市	YZ1	0.194	具潜在碱硅酸活性
	YZ2	0.244	具碱硅酸活性
	YZ3	0.312	具碱硅酸活性
	YZ4	0.320	具碱硅酸活性
	YZ5	0.344	具碱硅酸活性

地点	取样编号	膨胀率(%)	碱活性判别
巩义市	GY1	0.291	具碱硅酸活性
	GY2	0.309	具碱硅酸活性
	GY3	0.281	具碱硅酸活性
	GY4	0.231	具碱硅酸活性
	GY5	0.273	具碱硅酸活性
长葛市	CG1	0.276	具碱硅酸活性
	CG2	0.238	具碱硅酸活性
	CG3	0.281	具碱硅酸活性
	CG4	0.313	具碱硅酸活性
	CG5	0.277	具碱硅酸活性
叶县	YX1	0.162	具潜在碱硅酸活性
	YX2	0.199	具潜在碱硅酸活性

表 4-32　石英砂岩压蒸法试验结果汇总

地点	岩样编号	膨胀率(%)	试验结论
安阳县	AY2	0.165	具碱硅酸活性
	AY3	0.144	具碱硅酸活性
巩义市	GY6	0.042	无碱活性
长葛市	CG6	0.092	无碱活性

4.3　火山岩

以火山岩作为混凝土集料比较少见,在信阳龙山大闸壮山和登封市耿庄进行了取样,基本情况如表 4-33~表 4-37 所示。

表 4-33　火山岩基本情况

地点	岩性	试验组数	
		岩相法	砂浆棒法
信阳龙山大闸壮山	粗安岩	5	5
登封市耿庄	元古代强风化花岗岩	8	3

表 4-34　龙山大闸岩相法试验结果汇总

地点	岩石编号	岩性描述	岩相法鉴定结果
龙山大闸壮山	LSSL1	岩石为粗安岩,具斑状、交织结构,由斑晶10%～15%和基质85%～90%组成。主要碱活性组分为微晶石英5%～10%	具潜在碱硅酸活性
	LSSL2		
	LSSL3		
	LSSL4		
	LSSL5		

表 4-35　耿庄岩相法试验结果汇总

地点	试样编号	岩样类型	矿物成分	岩相法结论
耿庄	耿庄-1	水洗砂	长石70%～75%,石英20%,黑云母5%～10%	非活性
	耿庄-2	天然砂	长石50%,石英25%～30%,黑云母20%～25%	非活性
	耿庄-3	天然砂	长石60%,石英25%～30%,黑云母10%～15%	疑似碱硅活性
	耿庄-4	天然砂	长石55%～60%,石英30%,黑云母10%～15%,少量铁质	疑似碱硅活性
	耿庄-5	天然砂	长石60%～65%,石英25%～30%,黑云母10%,少量铁质	疑似碱硅活性
	耿庄-6	天然砂	长石60%～65%,黑云母10%,少量铁质	疑似碱硅活性
	耿庄-7	天然砂	长石65%～70%,石英20%,黑云母10%～15%	疑似碱硅活性
	耿庄-8	天然砂	长石60%～65%,石英25%～30%,黑云母10%	疑似碱硅活性

表 4-36　耿庄砂浆棒快速试验法成果

料场	试样编号	3 d 膨胀率(%)	7 d 膨胀率(%)	14 d 膨胀率(%)	结果
耿庄	耿庄-4	0.029	0.043	0.059	无活性
	耿庄-5	0.013	0.032	0.040	无活性
	耿庄-6	0.027	0.039	0.055	无活性

表 4-37　龙山大闸壮山碱活性试验结果汇总

料场名称	岩样编号	砂浆棒法(ASTM C1260—94)膨胀率(%)	试验结论	料场碱活性判定
龙山大闸壮山	LSSL1	0.023	无碱活性	无碱活性
	LSSL2	0.044	无碱活性	
	LSSL3	0.037	无碱活性	
	LSSL4	0.029	无碱活性	
	LSSL5	0.031	无碱活性	

4.4　变质岩

在淇县金牛岭水洗砂厂、卫辉市太行水洗砂厂、信阳龙山大闸白雀园、信阳出山店水库对片麻岩进行了取样,在信阳出山店对大理岩进行了取样。基本情况如表 4-38 ～表 4-41 所示。

表 4-38　变质岩基本情况表

地点	岩性	试验组数	
		岩相法	砂浆棒法
龙山大闸白雀园	片麻岩	5	5
出山店	片麻岩	5	5
出山店水库卧虎石料场	大理岩	5	5
金牛岭水洗砂厂	片麻岩	3	3
太行水洗砂厂	片麻岩	3	3

表 4-39　变质岩岩相法试验结果汇总表

地点	岩样编号	岩性描述	岩相法鉴定结果
龙山大闸白雀园	BQSL1	岩石为糜棱岩,具糜棱结构,假流动、条纹构造。主要碱活性组分为隐晶－微晶硅质、石英15%～20%	具潜在碱硅酸活性
	BQSL2	岩石为糜棱岩,具糜棱结构,假流动、条纹构造。主要碱活性组分为隐晶－微晶硅质、石英15%～20%,波状消光石英15%～20%	
	BQSL3	岩石为糜棱岩,具糜棱结构,假流动、条纹构造。主要碱活性组分为隐晶－微晶硅质、石英15%～20%,波状消光石英5%～10%	
	BQSL4	岩石为糜棱岩,具糜棱结构,假流动、条纹构造。主要碱活性组分为隐晶－微晶硅质、石英15%～20%	
	BQSL5	岩石为糜棱岩,具糜棱结构,假流动、条纹构造。主要碱活性组分为隐晶－微晶硅质、石英15%～20%	

续表 4-39

地点	岩石编号	岩性描述	岩相法鉴定结果
出山店水库卧虎石料场	石 1#	岩石为变质粉细晶灰岩,主要由方解石60%,黏土质20%~25%,白云石5%~10%,石英、硅质10%及少量磁铁矿等组成。主要碱活性组分为隐晶硅质及微晶石英5%~6%,白云石5%~10%,黏土质20%~25%	具潜在碱硅酸活性
	石 2#	岩石为变质粉细晶灰岩,主要由方解石70%~75%,黏土质10%~15%,白云石5%~10%,石英、硅质4%~5%及少量磁铁矿等组成。主要碱活性组分为隐晶硅质及微晶石英3%~4%,白云石5%~10%,黏土质10%~15%	
	石 3#	岩石为变质粉细晶灰岩,主要由方解石65%~70%,黏土质15%~20%,白云石4%~5%,石英、硅质5%~10%及磁铁矿3%~4%等组成。主要碱活性组分为隐晶硅质及微晶石英5%~10%,白云石4%~5%,黏土质15%~20%	
	石 4#	岩石为泥粉晶白云岩,成分主要为白云石70%,方解石5%~10%,黏土质5%~10%,石英及硅质5%~10%,铁质及有机质5%~10%等。主要碱活性组分为隐晶硅质及微晶石英5%~10%,白云石70%,黏土质5%~10%	
	石 5#	岩石为泥粉晶白云岩,成分主要为白云石70%,方解石5%~10%,黏土质10%~15%,石英及硅质5%~10%,铁质及有机质少量。主要碱活性组分为隐晶硅质及微晶石英5%~10%,白云石70%,黏土质10%~15%	
出山店	HJ-1	岩石为片麻岩。矿物成分:斜长石60%,钾长石5%~10%,石英15%~20%,云母10%,帘石5%,铁质少量副矿物榍石。其中,波状消光石英约10%,微晶石英约1%	具潜在碱硅酸活性
	HJ-2	岩石为浅粒岩。矿物成分:长石50%~55%,石英35%~40%,帘石10%和少量云母、铁质少量副矿物榍石。微晶石英约4%,波状消光石英14%~16%	
	HJ-3	岩石为片麻岩。矿物成分:长石60%~65%,石英30%~35%,铁质2%~3%和云母1%~2%。微晶石英2%~4%,波状消光石英24%~28%	
	HJ-4	岩石为片麻岩。矿物成分:长石55%~60%,石英35%,帘石、云母5%~10%和少量铁质、钙质。微晶石英2%~4%,波状消光石英约28%	
	HJ-5	岩石为片麻岩。矿物成分:长石60%,石英30%~35%,帘石、云母5%~10%和少量铁质。微晶石英1.5%~3.5%,波状消光石英14%~16%	

表 4-40　变质岩碱活性试验结果汇总表

料场名称	岩样编号	砂浆棒快速法膨胀率(%)	试验结论	料场碱活性判定
龙山大闸白雀园	BQSL1	0.269	具碱硅酸活性	具碱硅酸活性
	BQSL2	0.272	具碱硅酸活性	
	BQSL3	0.301	具碱硅酸活性	
	BQSL4	0.258	具碱硅酸活性	
	BQSL5	0.287	具碱硅酸活性	
出山店水库卧虎石料场	石 1#	0.070	无碱活性	无碱活性
	石 2#	0.051	无碱活性	
	石 3#	0.064	无碱活性	
	石 4#	0.057	无碱活性	
	石 5#	0.056	无碱活性	
出山店	HJ – 1	0.081	无碱活性	具潜在碱硅酸活性
	HJ – 2	0.106	具潜在碱硅酸活性	
	HJ – 3	0.144	具潜在碱硅酸活性	
	HJ – 4	0.134	具潜在碱硅酸活性	
	HJ – 5	0.121	具潜在碱硅酸活性	

表 4-41　金牛岭水洗砂厂、太行水洗砂厂碱活性试验结果

料场名称	岩性	试验编号	岩相法试验结果	砂浆棒快速法膨胀率(%)	试验结论	料场集料碱活性判别
金牛岭水洗砂厂	片麻岩(Ar)	2 – 1	含碱硅酸活性成分	0.069	非碱活性	非碱活性
		2 – 2	含碱硅酸活性成分	0.052	非碱活性	
		2 – 3	含碱硅酸活性成分	0.045	非碱活性	
太行水洗砂厂	片麻岩(Ar)	3 – 1	含碱硅酸活性成分	0.052	非碱活性	非碱活性
		3 – 2	含碱硅酸活性成分	0.056	非碱活性	
		3 – 3	含碱硅酸活性成分	0.061	非碱活性	

　　片麻岩经动力变质作用,岩体内部具波状消光石英,根据龙山大闸白雀园石料场和出山店水库块石料场的岩相法结果,岩样的波状消光石英含量均不大于20%,但是碱活性试验表明其均具碱活性,这表明波状消光石英只是活性 SiO_2 中的一种,这与前文1.2.2中的观点是一致的。

第 5 章　抑制碱集料反应的方法

5.1　碱集料反应的抑制措施

从 AAR 发生的条件可得出预防和抑制 AAR 的措施如下：

（1）控制混凝土碱含量。

一般认为混凝土碱含量低于 3 kg/m³时,不发生碱集料反应或反应较轻,不足以使混凝土开裂破坏。在早期发生 AAR 破坏严重的国家,如美国、英国、日本等曾广泛使用碱含量低于 0.6% 的水泥以降低混凝土中的碱含量,并在一定程度上缓解了 AAR 问题。因此,严格控制混凝土碱含量是至关重要的。

（2）使用非活性集料。

虽然使用非活性集料是预防 AAR 发生的最安全可靠的措施,但我国幅员辽阔、地质结构复杂,活性集料的分布非常广泛。因此,非活性集料的使用往往因区域地质形成条件的相同性和经济方面的原因而难以实现,不得不使用有一定活性的集料。

（3）控制混凝土湿度。

实际混凝土所处的湿度条件是不易人为控制的,如水工建筑物长期处于饱水状态,为 AAR 的发生提供了有利条件。

（4）掺入外加剂。

目前,用于抑制 ASR 的外加剂分为两种:一是矿物外加剂,包括粉煤灰、硅灰、矿渣和沸石粉等。实践证明,使用掺合料是抑制 AAR 最实用、经济、有效的途径。研究表明,混合料的掺入,能够有效降低水化产物的 Ca/Si,从而起到抑制碱集料反应的作用。国外的工程研究发现,掺加粉煤灰的水工混凝土在碱含量大于 3 kg/m³的条件下,经过数十年都没有发生 ASR 破坏,而采用同样集料未掺粉煤灰的混凝土,在碱含量小于 3 kg/m³时就发生了严重的破坏。二是化学外加剂。在发生 AAR 较早的一些国家,已经进行了大量的研究,证实化学外加剂能够有效抑制 AAR,常用化学外加剂是锂盐。对于已经发生 AAR 的混凝土建筑物,人们尝试采用注入化学外加剂,如 LiNO₂ 来防止 AAR 的进一步破坏,但昂贵的锂盐价格制约了它的广泛应用。

5.2　粉煤灰对碱集料的抑制性反应

可抑制碱集料反应的材料有粉煤灰、矿渣、火山灰及各种外加剂,这里只讨论粉煤灰对碱集料的抑制性反应。

粉煤灰是以燃煤发电的火力发电厂排出的工业弃料磨成一定细度的煤粉在煤粉锅炉中燃烧后,由烟道气体中收集的粉末,部分烧结黏连成块从炉底排出的多孔状炉渣和粉状物称炉底灰渣。其中,粉煤灰约占灰渣总量的85%。

掺用适量的活性掺合料,如粉煤灰、矿渣粉等,均可以抑制危害性的碱集料反应。因为粉煤灰、矿渣粉等活性掺合料具有比活性集料大得多的比表面积,能很快将碱吸收到其表面上来,降低碱与活性集料的反应程度。另外,掺合料与集料不同,它在混凝土内是均匀分布的,不会产生局部危害性膨胀。

碱集料反应,如碱硅反应,是活性二氧化硅与碱之间的反应,SiO_2消耗液相中的碱离子,把分散的能量集中于局部(活性颗粒表面),导致局部承受很大的膨胀力,引起局部损坏和开裂。如果将活性SiO_2粉磨成微粒,散布于体系整体的各部位,将有限的局部化解成无限多的活性中心,每一个中心都参与化学反应而消耗碱,能量只能分散而不能局部集中,从而可抑制碱集料反应。

按照这一原理,许多研究者利用碱活性抑制材料,如矿渣粉、粉煤灰、天然火山灰材料、煅烧黏土矿物、天然硅藻土和硅粉等,来抑制碱集料反应。

目前采用的活性抑制材料可以分为两类:第一类为玻璃态或无定形态的硅(铝)酸或硅铝酸盐材料,如粉煤灰、硅粉、矿渣粉等;第二类为具有强烈吸附和交换阳离子功能的矿物材料,如沸石、膨润土、蛭石等。

第一类材料与碱反应过程和活性SiO_2集料与碱性过程类似。只是由于它们经过淬冷过程,形成比较致密的过冷玻璃结构,表面层相当紧密,溶解活化能较高,需要经过OH^-的作用才能表现出活性。

碱激发的效果比$Ca(OH)_2$的效果好,主要原因为:一是OH^-浓度更高,二是生成的碱的硅酸盐或铝酸盐有比钙盐高得多的亲水性和溶解度。因此,碱的激发在较短时间内就会造成这些材料中玻璃态颗粒的大量溶解、崩解,暴露出大量的表面积,产生大量活性的Si—OH和Al—OH基团,这种活化效果比$Ca(OH)_2$要强烈得多。进入活化状态的活性抑制材料,快速吸附大量的碱金属离子,消耗大量的OH^-,pH因而下降,这就是碱的耗散过程。所以,在含碱混凝土中,首先表现出碱(包括碱金属离子和OH^-)的耗散。但碱的耗散进行到一定程度就要被钙的耗散所代替,因为加入的活性抑制材料的数量是有限的。孔洞溶液中Ca^{2+}浓度上升到一定程度以后,Ca^{2+}就会取代碱阳离子的位置,把部分碱从吸附态置换出来,重新回到溶液中。这种再生的碱及随之增加的OH^-又对未活化的活性玻璃继续进行上述过程,直至全部活性抑制材料反应完毕。反应的最终产物是硅酸钙、铝酸钙的水合物及硅(铝)凝胶。

由此可见,最终被活性抑制材料消耗的碱只占活性基团总数的一部分。除非进一步增加活性抑制材料的掺量,否则碱硅反应仍然有可能进行下去。第二类材料与碱的作用和第一类材料有所不同。它们是高效的阳离子吸附材料,在碱溶液中一般不被破坏和只有少量的溶解。但是对碱的作用效果是一样的,也能产生碱的耗散和钙的耗散过程。

对不同粉煤灰及经过专门技术活化的粉煤灰吸收碱和吸收钙的能力进行试验,试验结果见表5-1。试验结果表明,只要经过预先的活化过程,增加吸收碱及钙的表面积和活性基团数量,完全有可能用较少的掺量达到大幅度降低溶液中碱含量的目的。原状粉煤灰吸收碱及钙的能力远不如活化粉煤灰。当用混合液代替NaOH溶液后,原状粉煤灰中的Na_2O基本上被CaO所代替。只是液相中缺乏足够的钙,所以活化粉煤灰中吸收的

Na_2O 才没有被 CaO 完全取代,否则将可以完全取代 Na_2O。

表 5-1　各种粉煤灰吸收碱及钙的试验

粉煤灰种类	在 NaOH 溶液中	在 NaOH + 饱和 Ca(OH)$_2$ 溶液中	
	吸收 Na_2O (mmol/kg 粉煤灰)	吸收 Na_2O (mmol/kg 粉煤灰)	吸收 CaO (mmol/kg 粉煤灰)
Ⅰ级原状粉煤灰	43.9	0	40.6
Ⅱ级原状粉煤灰	33.3	0	36.5
活化粉煤灰 A	171	151	90.5
活化粉煤灰 B	19.6	0	93.8
活化粉煤灰 C	157	116	91.4
活化粉煤灰 D	123	79.4	86.4
活化粉煤灰 E	101.5	109	88.9

注:1. 各种活化粉煤灰均由Ⅱ级粉煤灰加工而成。

2. NaOH 溶液浓度(以 Na_2O 含量计):[Na_2O] = 0.03 mol/L;混合液浓度(以 Na_2O 和 CaO 含量计):[Na_2O] = 0.03 mol/L,[CaO] = 9.8 mmol/L。

按《水工混凝土砂石骨料试验规程》(DL/T 5151—2014)检验粉煤灰抑制作用的方法有两种:一种是采用硬质玻璃作为集料,检验粉煤灰抑制集料碱活性效能;另一种采用工程所用集料,水泥中掺入粉煤灰,用砂浆棒快速法、砂浆长度法、混凝土棱柱体法检验粉煤灰实际抑制效果。

东方山人工砂料碱活性抑制试验成果如表 5-2 所示。

表 5-2　东方山人工砂料碱活性抑制试验成果

岩性	试样编号	粉煤灰掺合量 (%)	单掺低钙粉煤灰 砂浆棒法膨胀率(%)	单掺低钙粉煤灰 抑制碱活性结论
风化石英砂岩	东方山08 – 3	0	0.275	—
		20	0.114	粉煤灰抑制碱硅酸活性无效
		30	0.072	粉煤灰抑制碱硅酸活性有效
	东方山08 – 4	0	0.219	—
		20	0.136	粉煤灰抑制碱硅酸活性无效
		30	0.079	粉煤灰抑制碱硅酸活性有效
	东方山08 – 5	0	0.201	—
		20	0.115	粉煤灰抑制碱硅酸活性无效
		30	0.075	粉煤灰抑制碱硅酸活性有效

下庞村天然沙砾料抑制碱活性试验成果统计如表 5-3 所示。

表5-3　下庞村天然沙砾料抑制碱活性试验成果统计

岩性	试样编号	岩相法	快速砂浆长度法膨胀率（%）	碱活性判别	单掺低钙粉煤灰抑制碱活性试验	
					膨胀率（%）	结论
砂	XP07 – 1	—	0.175	疑似碱硅活性	0.086	粉煤灰抑制碱硅酸反应有效
	XP07 – 2	—	0.209	碱硅活性	0.075	粉煤灰抑制碱硅酸反应有效
	XP07 – 3	—	0.179	疑似碱硅活性	0.087	粉煤灰抑制碱硅酸反应有效
砾石	XP07 – 1	—	0.211	碱硅活性	0.092	粉煤灰抑制碱硅酸反应有效
	XP07 – 2	—	0.187	疑似碱硅活性	0.090	粉煤灰抑制碱硅酸反应有效
	XP07 – 3	—	0.143	疑似碱硅活性	0.083	粉煤灰抑制碱硅酸反应有效

注：单掺低钙粉煤灰抑制碱活性试验依据《预防混凝土碱骨料反应技术规范》进行，粉煤灰掺量为20%，等量代替水泥用量。粉煤灰为一级粉煤灰，K_2O 含量1.11%，Na_2O 含量0.23%，粉煤灰中总碱含量不大于1.5%

段庄天然沙砾料砂碱活性试验成果汇总如表5-4所示。

表5-4　段庄天然沙砾料碱活性试验成果汇总

岩性	试样编号	取样深度（m）	岩相法结果	快速砂浆长度法膨胀率（%）	碱活性判别	单掺低钙粉煤灰抑制碱活性试验结论
砂	DZ04 – 1	0 ~ 10	含碱硅酸、碱碳酸盐活性成分	0.062	非碱活性集料	
	DZ06 – 1	0 ~ 4.0	含碱硅酸活性成分	0.081	非碱活性集料	
		4.0 ~ 10.0	含碱硅酸活性成分	0.084	非碱活性集料	
	DZ06 – 2	0 ~ 4.0	含碱硅酸活性成分	0.101	疑似碱硅酸活性	抑制碱硅酸活性有效
		4.0 ~ 10.0	含碱硅酸活性成分	0.077	非碱活性集料	
	DZ06 – 3	0 ~ 4.0	含碱硅酸活性成分	0.067	非碱活性集料	
		4.0 ~ 10.0	含碱硅酸活性成分	0.072	非碱活性集料	
	DZ06 – 4	0 ~ 4.0	含碱硅酸活性成分	0.089	非碱活性集料	
		4.0 ~ 10.0	含碱硅酸活性成分	0.080	非碱活性集料	
	DZ06 – 5	0 ~ 4.0	含碱硅酸活性成分	0.075	非碱活性集料	
		4.0 ~ 10.0	含碱硅酸活性成分	0.060	非碱活性集料	
	DZ06 – 6	0 ~ 4.0	含碱硅酸活性成分	0.058	非碱活性集料	
		4.0 ~ 10.0	含碱硅酸活性成分	0.086	非碱活性集料	
	DZ06 – 7	0 ~ 4.0	含碱硅酸活性成分	0.068	非碱活性集料	
		4.0 ~ 10.0	含碱硅酸活性成分	0.078	非碱活性集料	

续表 5-4

岩性	试样编号	取样深度（m）	岩相法结果	快速砂浆长度法膨胀率（%）	碱活性判别	单掺低钙粉煤灰抑制碱活性试验结论
砂	DZ06-8	0~4.0	含碱硅酸活性成分	0.069	非碱活性集料	
		4.0~10.0	含碱硅酸活性成分	0.076	非碱活性集料	
	DZ06-9	0~4.0	含碱硅酸活性成分	0.076	非碱活性集料	
		4.0~10.0	含碱硅酸活性成分	0.085	非碱活性集料	
	DZ06-10	0~4.0	含碱硅酸活性成分	0.094	非碱活性集料	抑制碱硅酸活性有效
		4.0~10.0	含碱硅酸活性成分	0.081	非碱活性集料	
	DZ06-11	0~4.0	含碱硅酸活性成分	0.091	非碱活性集料	抑制碱硅酸活性有效
		4.0~10.0	含碱硅酸活性成分	0.091	非碱活性集料	抑制碱硅酸活性有效
	DZ06-12	0~4.0	含碱硅酸活性成分	0.081	非碱活性集料	
		4.0~10.0	含碱硅酸活性成分	0.087	非碱活性集料	

注：单掺低钙粉煤灰抑制碱活性试验依据《预防混凝土碱骨料反应技术规范》进行，粉煤灰掺量为 20%，粉煤灰为一级粉煤灰，K_2O 含量 1.11%，Na_2O 含量 0.23%，粉煤灰中总碱含量不大于 1.5%。

李庄、金章、郝楼、高岸头天然沙砾料抑制碱活性试验成果统计如表 5-5 所示。

表 5-5　李庄、金章、郝楼、高岸头天然沙砾料抑制碱活性试验成果统计

料场名称	试样编号	岩性	快速砂浆长度法膨胀率（%）	碱活性判别	单掺低钙粉煤灰抑制碱活性试验	
					膨胀率（%）	结论
李庄	LZ07-2	砾石	0.189	疑似碱硅活性	0.079	粉煤灰抑制碱硅酸反应有效
金章	JZ07-1	砂	0.193	疑似碱硅活性	0.060	粉煤灰抑制碱硅酸反应有效
	JZ07-2	砾石	0.224	碱硅活性	0.089	粉煤灰抑制碱硅酸反应有效
郝楼	HL07-1	砂	0.161	疑似碱硅活性	0.054	粉煤灰抑制碱硅酸反应有效
	HL07-2	砾石	0.174	疑似碱硅活性	0.076	粉煤灰抑制碱硅酸反应有效
高岸头	GA07-2	砂	0.124	疑似碱硅活性	0.054	粉煤灰抑制碱硅酸反应有效

注：单掺低钙粉煤灰抑制碱活性试验依据《预防混凝土碱骨料反应技术规范》进行，粉煤灰掺量为 20%，等量代替水泥用量。粉煤灰为一级粉煤灰，K_2O 含量 1.11%，Na_2O 含量 0.23%，粉煤灰中总碱含量不大于 1.5%。

从以上试验看出，掺加粉煤灰确实对集料的碱活性有抑制作用，从表 5-2 可以看到，混凝土中的粉煤灰掺加量必须达到一定的值才能对集料的碱活性具有有效的抑制作用，随着粉煤灰掺加量的增加，对集料的碱活性抑制作用增大。然而，集料的碱活性膨胀率是

否与粉煤灰的掺加量存在简单的线性关系呢？从图 5-1 中可以看到并不是这样，它们之间的关系还需进一步的探讨。对不同的集料来说，粉煤灰的有效添加量是不同的，需要经试验来确定。

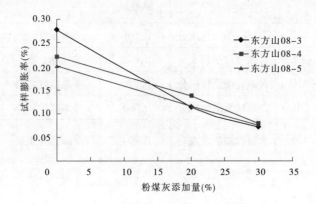

图 5-1　东方山石英砂岩碱活性抑制试验成果

第 6 章　河南省碱活性集料的分类与分布

6.1　河南省混凝土集料碱活性的分类

将第 3 章与第 4 章的碱活性试验结果进行汇总,得到表 6-1,方便对河南省混凝土集料的碱活性进行分类和分析,以找出其中的规律。

表 6-1　河南省混凝土集料碱活性试验结果汇总

地点	岩性及时代	试验组数				碱活性	抑制性试验
		岩相法	岩石柱法（ASTM C586—92）	压蒸法	砂浆棒法（ASTM C1260—94）		
龙山大闸	河砂	5			5	ASR	
出山店	河砂	5			5	无	
前坪	砾料	3			3	ASR	
前坪	砂料	3			3	ASR	
燕山	砂料	4		4	4	ASR	
燕山	砾料	4		4	4	ASR	
郏县北汝河大边庄	砾料	2	2			ASR	
郏县北汝河大边庄	砂料	2	2			ASR	
郏县北汝河大边庄	砾料	1		1	1	ASR	
郏县北汝河大边庄	砂料	1		1	1	ASR	
鲁山沙河高岸头	砾料	2	2			ASR	
鲁山沙河高岸头	砂料	2	2			ASR	1

续表 6-1

地点	岩性及时代	试验组数				碱活性	抑制性试验
		岩相法	岩石柱法（ASTM C586—92）	压蒸法	砂浆棒法（ASTM C1260—94）		
鲁山沙河高岸头	河砂	1			1	ASR	
鲁山沙河郝楼	砾料	2	2			ASR	1
鲁山沙河郝楼	砂料	2	2			ASR	1
鲁山沙河郝楼	河砂	1			1	ASR	
鲁山沙河湖泉店	砾料	2	2			ASR	
鲁山沙河湖泉店	砂料	2	2			ASR	
鲁山沙河湖泉店	砂石料	1			1	ASR	
鲁山沙河金章	砾料	2	2			ASR	1
鲁山沙河金章	砂料	2	2			ASR	1
鲁山沙河金章	砾料	1		1	1	ASR	
鲁山沙河金章	砂料	1		1	1	ASR	
鲁山沙河李庄	砾料	2	2			ASR	1

续表 6-1

地点	岩性及时代	试验组数				碱活性	抑制性试验
		岩相法	岩石柱法（ASTM C586—92）	压蒸法	砂浆棒法（ASTM C1260—94）		
鲁山沙河李庄	砾料	1		1	1	ASR	
禹州市颍河沙陀	砾料	2	2			ASR	
禹州市颍河沙陀	砾料	1		1	1	ASR	
禹州市颍河沙陀	砂料	1				ASR	
辉县段庄	砂料	13			13	ASR	4
辉县段庄	砾料	13	2		13	无	
淇河下庞村	砂料	23			23	ASR	3
淇河下庞村	砾料	23	2		21	ASR	3
燕山水库	灰岩	3	3			无	
郏县众合	白云岩∈3g	5				无	
禹州大赢	鲕状灰岩∈2zh	5				无	
郏县天山	鲕状灰岩∈2zh	5	3			无	
谒主沟	白云质灰岩∈3g	8				无	
青山岭	鲕状灰岩∈2zh	7	7		2	无	
吕沟	鲕状灰岩∈2zh	7	7		3	ASR	
新吕沟	灰岩∈2zh	5	5			无	
鸡山	鲕状灰岩张夏组∈2zh	6	6		1	ASR	
白寨	泥粉晶灰岩O2s	6	3			无	
荥阳安信石料厂	灰岩∈2zh	3	2			无	
荥阳长久石料厂	灰岩∈2zh	2				无	

续表 6-1

地点	岩性及时代	试验组数				碱活性	抑制性试验
		岩相法	岩石柱法（ASTM C586—92）	压蒸法	砂浆棒法（ASTM C1260—94）		
荥阳福存石料厂	灰岩 $\in_{2zh}$	2	1		2	无	
荥阳联谊达石料厂	灰岩 $\in_{2zh}$	3	1			无	
荥阳万欣石料厂	灰岩 $\in_{2zh}$	3	2		3	无	
宝丰大荆山	灰岩 $\in_{2x}$	2	2		1	无	
宝丰大荆山	灰岩 $\in_{2x}$	3	3			ACR	
宝丰大营	灰岩 $\in_{2zh}$	5	3		1	无	
宝丰大营	灰岩 $\in_{2zh}$	3	3			无	
禹州角子山	灰岩 $\in_{2x}$	10	10		1	ACR	
禹州角子山	灰岩 $\in_{2x}$	2				无	
荥阳千尺山	灰岩 $\in_{2zh}$	5			1	无	
荥阳千尺山	灰岩 $\in_{2zh}$	3	3			无	
宝丰朱庄	灰岩 $\in_{2x}$	2	2		1	无	
宝丰朱庄	灰岩 $\in_{2x}$	3	3			ACR	
后沟	灰岩 O_{2s}	60	8		51	无	
潞王坟	灰岩 O_{2s}	2	2			无	
金田、鑫峰、东方山	灰岩 O_{2x}	8	7		8	无	
马蹄沟	灰岩 O_{2x}	5	3		5	ASR	
苏门山	灰岩 O_{2s}	1	0			无	
回头山	灰岩 O_{2s}	2	2			无	
杨升、中州铝厂石料场	灰岩 O_{2s}	5	3		3	无	
辉龙石料场	灰岩 O_{2s}	5	2		5	ASR	
红兴石料场	灰岩 O_{2x}	12	0		7	ASR	
盘石头	灰岩 $\in_{2zh}$	15	4		2	无	
石棚	灰岩 $\in_{2zh}$	18	4		4	无	

续表 6-1

地点	岩性及时代	试验组数				碱活性	抑制性试验
		岩相法	岩石柱法（ASTM C586—92）	压蒸法	砂浆棒法（ASTM C1260—94）		
西村	灰岩 O$_{2s}$	18	4		2	无	
平顶山燕山	石英砂岩	2			2	ASR	
禹州浅井	石英砂岩	5			5	ASR	
巩义寒山寨	石英砂岩	5			5	ASR	
巩义寒山寨	石英砂岩	1		1		ASR	
长葛陉山	石英砂岩	5			5	ASR	
长葛陉山	石英砂岩	1		1		ASR	
安阳东方山人工砂料场	石英砂岩	9			9	ASR	
信阳龙山大闸壮山	粗安岩	5			5	无	
登封市耿庄	元古代强风化花岗岩	8			3	无	
龙山大闸白雀园	片麻岩	5			5	ASR	
出山店	片麻岩	5			5	ASR	
出山店水库卧虎石料场	大理岩	5			5	无	
金牛岭水洗砂厂	片麻岩	3			3	无	
太行水洗砂厂	片麻岩	3			3	无	

6.1.1　天然沙砾料的碱活性

从表 6-1 中可以看出,在河南省内 32 个地点对天然沙砾料进行了取样。取样 130 组,试验 291 次,试验方法包括岩相法、压蒸法、岩石柱法、快速砂浆棒法以及对集料的碱活性抑制性试验。试验结果表明,32 个地点中有 30 个地点的天然沙砾料具有碱硅酸活性,涉及河流流域包括淇河、卫河、黄河、沙颍河、甘江河和潢河等。虽然以上几条河流并不能代表河南省内的所有河流,但从所得结果的一致性上可以推测出天然沙砾料普遍具有碱活性。究其原因,一是天然沙砾料的来源复杂,河流流域面积内所有出露的岩体皆可成为其来源,难免会将具碱活性的集料混杂其内;二是天然沙砾料经河流长时间的风化作用,已具有分选性,而石英则是最难被风化的矿物,因此天然沙砾料普遍具有碱活性也就不难理解了。工程建设中应对天然沙砾料的碱活性持慎重态度。

6.1.2　灰岩集料的碱活性

从表 6-1 中可以看出,在河南省内 37 个地点对天然沙砾料进行了取样。取样 259 组,试验 479 次,试验方法包括岩相法、岩石柱法、快速砂浆棒法。岩样年代分别为寒武系上统崮山组($\in_{3g}$)、寒武系中统张夏组($\in_{2zh}$)、寒武系中统徐庄组($\in_{2x}$)、奥陶系中统上马家沟组(O_{2s})和奥陶系中统下马家沟组(O_{2x}),省内石料场之所以经常以以上几个年代的岩层作为石料,是因为这些地层岩层厚、质较纯、岩质较优,尤其是寒武系中统张夏组($\in_{2zh}$)和寒武系中统徐庄组($\in_{2x}$)。其中具碱活性的石料场如表 6-2 所示。

表 6-2　具碱活性石料场汇总表

地点	年代	试样编号	岩样碱活性
吕沟	$\in_{2zh}$	2、7	ASR
鸡山	$\in_{2zh}$	1	ASR
宝丰大荆山	$\in_{2x}$	1、3	ACR
禹州角子山	$\in_{2x}$	1、5、6、7、8、10	ACR
宝丰朱庄	$\in_{2x}$	1、2、3	ACR
马蹄沟	O_{2x}	3	ASR
辉龙石料场	O_{2s}	1、3	ASR
红兴	O_{2x}	04-1	ASR

6.1.2.1　对碱硅酸活性集料的分析

试样在寒武系中统张夏组($\in_{2zh}$)、寒武系中统徐庄组($\in_{2x}$)、奥陶系中统上马家沟组(O_{2s})、奥陶系中统下马家沟组(O_{2x})中发现具碱活性岩石,据调查,寒武系中统张夏组($\in_{2zh}$)按岩性不同可分为两层:

(1)下部岩性主要为灰色、深灰色厚层、巨厚层亮晶鲕粒灰岩、含泥质条带鲕粒灰岩、藻鲕灰岩、生物屑灰岩。

(2)上部主要为白云质灰岩、白云岩、亮晶鲕粒白云岩,局部夹薄层鲕粒灰岩,显示局限海后缘浅滩相沉积特征。

寒武系中统徐庄组($\in_{2x}$)按岩性不同可分为三层:

(1)下部岩性主要为紫红色页岩及黄绿色页岩夹海绿石砂岩、粉砂岩及泥晶灰岩,发育波痕、斜层理,显示潮坪相沉积特征。

(2)中部为紫红色、黄绿色页岩与泥质条带灰岩、砾屑灰岩、生屑灰岩、鲕粒灰岩互层。

(3)上部发育深灰色薄层—中厚层泥质条带灰岩、鲕粒灰岩、核形石灰岩,风暴沉积构造和交错层理发育,显示潮坪—台缘浅滩相沉积特征。

奥陶系中统下马家沟组(O_{2x})按岩性不同分为三层:

(1)下部岩性主要为灰黄色薄层粉晶白云岩、黄绿色页岩;

(2)中部岩性主要为灰色中薄层泥晶白云质灰岩夹厚层泥晶灰岩;

(3)上部岩性主要为白云质灰岩、白云岩及钙质白云岩等。

奥陶系中统上马家沟组(O_{2s})按岩性不同分为三层:

(1)下部岩性主要为灰黄色薄层粉晶白云岩、中层白云质灰岩;

(2)中部岩性主要为深灰色厚层花斑状泥晶灰岩、含白云质灰岩、白云岩等;

(3)上部岩性主要为浅灰色、灰黄色中薄层钙质白云岩、白云岩与深灰色厚层泥晶灰岩互层。

具碱活性岩样汇总如表 6-3 所示。

表 6-3　具碱活性岩样汇总

取样地点	试样编号	灰岩类型	矿物成分	岩相法结论
禹州吕沟	LG-2	白云石化亮晶鲕粒灰岩	方解石 65%~70%,白云石 25%~30%,黏土质 2%~3%,石英 1%~2%	具潜在碱硅、碱碳酸盐活性
	LG-7	白云石化石英含鲕粒粉细晶灰岩	方解石 55%~60%,石英、长石 20%~25%,白云石 10%~15%,黏土质 3%~4%	岩石具潜在碱硅、碱碳酸盐活性
禹州鸡山	GS-1	泥晶鲕粒灰岩	方解石 90%~95%,石英 2%~3%,白云石 2%~3%,黏土质 1%~2%	具潜在碱碳酸盐、碱硅活性
禹州角子山	角子山-1	粉-亮晶砂屑生物屑灰岩	方解石 85%~90%,白云石 3%~4%,黏土质 5%~10%,石英 1%~2%	具潜在碱碳酸盐、碱硅活性
	角子山-5	泥-粉晶含白云石灰岩	方解石 70%,白云石 20%~25%,黏土质 5%,石英 1%~2%	具潜在碱碳酸盐、碱硅活性
	角子山-6	泥-粉晶灰岩	方解石 85%~90%,白云石 5%,黏土质 5%,石英 1%~2%	具潜在碱碳酸盐、碱硅活性
	角子山-7	泥-粉晶含白云石灰岩	方解石 70%~75%,白云石 15%~20%,黏土质 5%~10%,石英 1%~2%	具潜在碱碳酸盐、碱硅活性
	角子山-8	生物屑泥-粉晶灰岩	方解石 80%,白云石 10%,黏土质 10%,石英 1%~2%	具潜在碱碳酸盐、碱硅活性

续表 6-3

取样地点	试样编号	灰岩类型	矿物成分	岩相法结论
禹州角子山	角子山-10	泥-粉晶含白云石灰岩	方解石 65%~70%，白云石 20%~25%，黏土质 5%~10%，石英 1%~2%	具潜在碱碳酸盐、碱硅活性
宝丰大荆山	大荆山-01	鲕状白云质灰岩	方解石、白云石	具潜在碱碳酸盐活性
	大荆山-03	鲕状白云质灰岩	方解石、白云石	具潜在碱碳酸盐活性
宝丰朱庄	朱庄-01	鲕状灰岩	方解石、白云石	具潜在碱碳酸盐活性
	朱庄-02	鲕状灰岩	方解石、白云石	具潜在碱碳酸盐活性
	朱庄-03	鲕状泥灰岩	方解石、白云石	具潜在碱碳酸盐活性
辉县马蹄沟	07-3	白云石化泥晶灰岩	方解石 60%~65%，白云石 30%~35%，铁泥质 3%~4%，石英 1%~2%	具潜在碱碳酸盐、碱硅活性
水冶红兴	HX04-1	含生物屑、砂屑泥-粉晶灰岩	方解石 97%，石英 2%~3%	具可疑碱硅活性
辉县辉龙石料厂	HL-1	角砾状粉细晶灰岩	方解石 55%~60%，铁泥质和有机质 30%~35%，石英 10%，白云石 1%-2%	具潜在碱硅、碱碳酸盐活性
	HL-3	含砂屑粉细晶灰岩	方解石 55%~60%，铁泥质和有机质 25%~30%，硅质及少量石英 10%~15%，白云石 1%~2%	具潜在碱硅、碱碳酸盐活性

　　根据表 6-3 中各岩样的描述，可知寒武系中统张夏组（$\in_{2zh}$）上层中均有岩石检出具碱活性；寒武系中统徐庄组（$\in_{2x}$）第二层中有岩石检出具碱活性；奥陶系中统上马家沟组（O_{2s}）下层中有岩石检出具碱活性；奥陶系中统下马家沟组（O_{2x}）下层中有岩石检出具碱活性；寒武系上统崮山组（$\in_{3g}$）中未有岩样检出具碱活性。37 个石料场中 8 个石料场岩样检出具碱活性；寒武系中统张夏组（$\in_{2zh}$）送检 101 组，检出 3 组具碱活性；寒武系中统徐庄组（$\in_{2x}$）送检 31 组，检出 11 组具碱活性；寒武系上统崮山组（$\in_{3g}$）送检 13 组，未检出具碱活性；奥陶系中统上马家沟组（O_{2s}）送检 99 组，检出 2 组具碱活性；奥陶系中统下马家沟组（O_{2x}）送检 31 组，检出 2 组具碱活性。这样的结果表明，省内的寒武系张夏组的灰岩可靠性好，可作为人工集料源；徐庄组送检 31 组，11 组具碱碳酸盐活性，可靠性较

差,重要工程需慎用;嵩山组取样较少,可靠性尚待检验;奥陶系马家沟组灰岩可靠性好,可作人工集料,但在重要工程中必须对集料做碱活性检测。

6.1.2.2　对碱碳酸盐活性集料的分析

在以上的分析中,宝丰大荆山、禹州角子山、宝丰朱庄检出岩样具碱碳酸盐活性,在中寒武世徐庄期,河南省的古地理环境(见图 6-1)除熊耳山地区有陆地外,其他地区为广阔的陆表海。在该陆表海中,泥坪面积略小于局限海。泥坪主要环陆分布,在局限海区分布有滩或准滩。

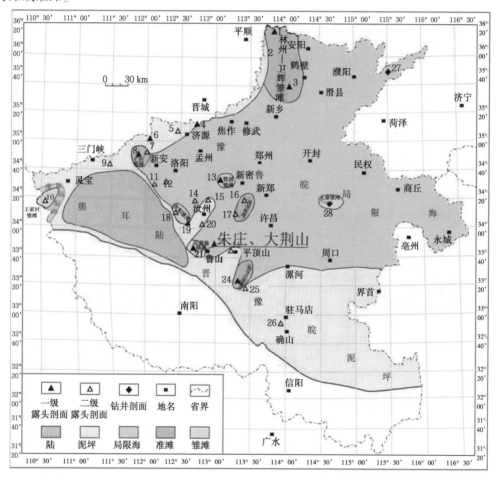

图 6-1　河南省中寒武世徐庄期岩相古地理图

在陆块西南部存在熊耳陆,泥坪环境与毛庄期相比面积减小,大致相当于冯增昭等(1990)所划分的豫鲁泥坪西部和南部开阔海北部,文中称为晋豫皖泥坪。泥坪主要分布在熊耳陆东部和北部,向西与局限海相通。陆源物质含量比较高,都在 60% 以上,为较强的氧化区,岩石主要为紫色页岩、粉砂质页岩、钙质页岩、含粉砂泥岩、石英粉砂岩、泥质粉砂岩夹鲕粒灰岩、砂屑灰岩、泥晶灰岩、泥质条带灰岩。在粉砂岩中常见云母、海绿石及星散状铁质等。

局限海主要发育在河南省中东部,从林州地区豫晋省界,沿济源—洛阳—鲁山—漯河—商水一线东北分布。该局限海为冯增昭等(1990)所划豫鲁泥坪区,现据其6个剖面中陆源物质含量低于50%,说明碳酸盐岩含量大于50%,为碳酸盐岩台地范畴,确定为局限海,文中称豫鲁皖局限海。在熊耳陆西侧灵宝王家村一带,陆源物质含量为42.2%,为碳酸盐岩台地区域,定名为豫陕局限海。

河南省中寒武世徐庄期滩不太发育,但比毛庄期增多。目前可以确定,在豫鲁皖局限海分布区,有3个准滩,即仁村准滩、禹州准滩、杨寺庄准滩;5个雏滩,即汝阳雏滩、石盘地雏滩、登封雏滩、太康雏滩、林州—卫辉雏滩。在熊耳陆西侧豫陕局限海有王家村雏滩,均为鲕粒滩。

在中寒武世张夏期,河南省的古地理环境(见图6-2)熊耳陆变化不大,略有缩小。至于海域,由此前的坪、海并存演变成局限海几乎独占的局面,而且其中滩比较发育,几乎是星罗棋布,全部是鲕粒滩。

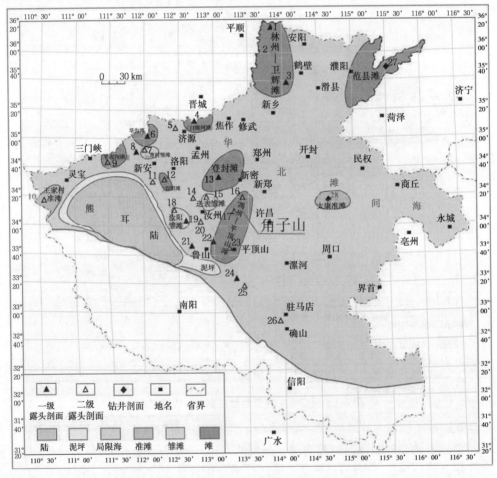

图6-2　河南省中寒武世张夏期岩相古地理图

在华北陆块南部仍存在熊耳陆,其范围及组成与毛庄期、徐庄期相同。因处于海侵高潮期,陆略缩小。

熊耳陆西、北、东周边地区全部为海域,沉积物全部为碳酸盐岩,说明为碳酸盐岩台地,为冯增昭等(1990,2002,2004)所划华北台地南部,但其沉积速度并不均一,性质为滩间海,定名为华北滩间海。但由于后期剥蚀,陆地边缘潮坪区没有保存。

张夏期碳酸盐岩台地上鲕粒滩广布,共有 13 个滩区,其中滩有 8 个,即林州—卫辉滩、白涧河滩、登封滩、范县滩、平泥沟滩、塔沟滩、宜阳滩、禹州—平顶山滩。准滩有 2 个,即王家村准滩和太康准滩。雏滩有 3 个,即曹村雏滩、汝阳雏滩和送表雏滩。

从图 6-1 与图 6-2 中看到,朱庄、大荆山石料场位于石盘地雏滩,角子山石料场位于禹州—平顶山滩,与钱光人描述的“具有潜在高 ACR 活性的岩石形成的沉积环境应具备浅水低能、偏离正常海水盐度、毗邻大陆边沿等特点,其中具有高 ACR 膨胀性的泥晶白云质灰岩应形成于局限台地的上潮间古环境,泥质泥晶白云岩则形成于萨哈布模式的潮上带”相符。这对寻找和确定新的集料产地是十分有利的。同时,可以此为根据在大范围内预测具有潜在高 ACR 活性的岩石分布。

6.1.3　其他岩类的碱活性

除去对天然沙砾料和灰岩集料的取样外,还对石英砂岩、粗安岩、花岗岩、片麻岩、大理岩在 14 个地点取样 62 组,试验 119 次。其中,对石英砂岩在 7 个地点取样 28 组,7 个地点的石英砂岩集料均检出具有碱硅酸活性。此外,在信阳龙山大闸白雀园石料场和出山店石料场取的片麻岩样品也检出具有碱硅酸活性。而登封市耿庄石英含量很高的花岗岩样品检出无碱活性。

6.1.4　结论

根据以上的总结分析,得到以下几点结论:

(1)河南省的天然沙砾料普遍具有碱活性,工程应用时应慎重考虑。

(2)河南省的灰岩集料具有碱硅酸活性和碱碳酸盐活性。

(3)寒武系中统张夏组($\in_{2zh}$)、奥陶系中统上马家沟组(O_{2s})、奥陶系中统下马家沟组(O_{2x})的灰岩集料质量较为可靠,但在重要工程中仍需要根据试验结果来验证。寒武系中统徐庄组($\in_{2x}$)的灰岩集料可靠性较差,重要工程慎用;寒武系上统崮山组($\in_{3g}$)取样较少,可靠性尚待检验。

(4)石英砂岩集料具有碱活性的可能性很高,应尽量避免使用。

(5)粉煤灰对天然沙砾料的碱活性具有抑制性作用,但是粉煤灰的掺加量必须达到一定值才行。

(6)混凝土集料的碱活性反应是复杂的,其反应机制目前仍未研究清楚,实际工程中曾发生过试验结果表明集料无碱活性,但是混凝土构件在一段时间后仍然发生了碱集料反应,这说明目前采用的碱活性试验方法是存在缺陷的。如对淮河的出山店取得天然河砂,试验结果判定为不具有碱活性,但是它的膨胀曲线是不收敛的,而且根据经验,天然沙砾料是普遍具有碱活性的,因此为了工程安全起见,不建议采用淮河天然河砂作为混凝土集料。

6.2　河南省混凝土碱活性集料的分布

6.2.1　河南省混凝土碱活性集料分布图

混凝土集料按其来源可分为天然集料和人工集料两种,天然集料以天然砂砾料为主,人工集料以灰岩集料为主,某些工程中会用到石英砂岩、花岗岩等集料。本研究重点对河南省境内的天然砂砾料和灰岩集料进行了研究,对其他类型的集料做了少量研究。省内主要河砂开采流域包括黄河郑州至开封段、淮河流域以及沙河沿线等。由于对混凝土集料的质量要求,河南省适合人工集料开采的地层主要为寒武系和奥陶系的碳酸盐岩集料,黄河北的碳酸盐岩集料主要分布于太行山区,广泛分布寒武系和奥陶系中厚层—厚层状石灰岩;黄河南地区下古生界尤其是寒武系地层发育,并与华北各地一致,主要分布于宝丰—郏县—禹州—新密—登封一线以及南阳西部,奥陶系仅分布在登封徐庄,禹州方山、浅井一线以北。其他类型的集料还有石英砂岩、花岗岩等,多分布零星,不成规模。

以河南省 1:100 万的地质图为底图,将样本容量较大的天然沙砾料、灰岩集料和石英砂岩集料标注在河南省地质图上,可以直观地展示河南省混凝土碱活性集料的分布,为其他工程提供参考。河南省部分区域碱活性集料分布图见书后附图。

6.2.2　河南省混凝土集料碱活性查询系统

由于试验资料众多,在图中无法全部表示出来,因此根据已有的试验资料建立了数据库,并以 Python 语言编制了河南省混凝土集料碱活性查询系统。下面对该系统进行简单介绍。

6.2.2.1　**数据库**

1. 数据库管理系统的基本概念

1) 数据定义

DBMS 提供数据定义语言 DDL(Data Definition Language),供用户定义数据库的三级模式结构、两级映像以及完整性约束和保密限制等约束。DDL 主要用于建立、修改数据库的库结构。DDL 所描述的库结构仅仅给出了数据库的框架,数据库的框架信息被存放在数据字典(Data Dictionary)中。

2) 数据操作

DBMS 提供数据操作语言 DML(Data Manipulation Language),供用户实现对数据的追加、删除、更新、查询等操作。

3) 数据库的运行管理

数据库的运行管理功能是 DBMS 的运行控制、管理功能,包括多用户环境下的并发控制、安全性检查和存取限制控制、完整性检查和执行、运行日志的组织管理、事务的管理和自动恢复,即保证事务的原子性。这些功能保证了数据库系统的正常运行。

4）数据组织、存储与管理

DBMS 要分类组织、存储和管理各种数据，包括数据字典、用户数据、存取路径等，需确定以何种文件结构和存取方式在存储级上组织这些数据，如何实现数据之间的联系。数据组织和存储的基本目标是提高存储空间利用率，选择合适的存取方法提高存取效率。

5）数据库的保护

数据库中的数据是信息社会的战略资源，所以数据的保护至关重要。DBMS 对数据库的保护通过 4 个方面来实现：数据库的恢复、数据库的并发控制、数据库的完整性控制、数据库的安全性控制。DBMS 的其他保护功能还有系统缓冲区的管理以及数据存储的某些自适应调节机制等。

6）数据库的维护

数据库的维护包括数据库的数据载入、转换、转储，数据库的重组合重构，以及性能监控等功能，这些功能分别由各个使用程序来完成。

7）通信

DBMS 具有与操作系统联机处理、分时系统及远程作业输入的相关接口，负责处理数据的传送。对网络环境下的数据库系统，还应该包括 DBMS 与网络中其他软件系统的通信功能以及数据库之间的互操作功能。

2. 数据库性能

数据库是按照数据结构来组织、存储和管理数据的建立在计算机存储设备上的仓库。简单来说，数据库是本身可视为电子化的文件柜——存储电子文件的处所，用户可以对文件中的数据进行新增、截取、更新、删除等操作。

数据库的性能决定了系统中查询部分的效率。性能是系统在相同的环境下运行时对效率的衡量，性能常用响应时间和工作效率来表示，响应时间是指完成一个任务花费的时间，可以从以下三个方面来减少：

（1）减少竞争和等待的次数，尤其是磁盘读写等待次数；

（2）利用更快的部件；

（3）减少利用资源数据的时间。

3. 数据库设计

绝大多数性能的获得来自于优秀的数据库设计，精确的查询分析和适当的索引，通过优秀的数据库设计能够获得最好性能，在开发时使用数据库查询优化器来实现。

4. 数据库优化

为了取得更好的数据库性能，需要对数据库进行优化，如对数据 cache，过程 cache，减少对系统资源和 CPU 的竞争。在数据层上优化选择包括：

（1）利用事务日志的阈值自动转储事务日志防止其超出使用空间；

（2）在数据段中用阈值来监视空间的使用；

（3）利用分区加速数据的装入；

（4）对对象进行定位，以避免硬盘的竞争；

（5）把重要表和索引放入 cache 中,保证随时取得。

5. 基本结构

数据库的基本结构分为三个层次,反映了观察数据库的三种不同角度。

以内模式为框架所组成的数据库叫作物理数据库,以概念模式为框架所组成的数据库叫作概念数据库,以外模式为框架所组成的数据库叫作用户数据库。

1）物理数据层

物理数据层是数据库的最内层,是物理存储设备上实际存储的数据的集合。这些数据是原始数据,是用户加工的对象,由内部模式描述的指令操作处理的位串、字符和字组成。

2）概念数据层

概念数据层是数据库的中间一层,是数据库的整体逻辑表示。指出了每个数据的逻辑定义及数据间的逻辑联系,是存储记录的集合。它所涉及的是数据库所有对象的逻辑关系,而不是它们的物理情况,是数据库管理员概念下的数据库。

3）用户数据层

用户数据层是用户所看到和使用的数据库,表示了一个或一些特定用户使用的数据集合,即逻辑记录的集合。

数据库不同层次之间的联系是通过映射进行转换的。

6.2.2.2　支撑平台

1. 数据库平台（Microsoft Excel）

Microsoft Excel 是微软公司的办公软件 Microsoft office 的组件之一,是由 Microsoft 为 Windows 和 Apple Macintosh 操作系统的电脑而编写和运行的一款试算表软件。Excel 中大量的公式函数可以应用选择,使用 Microsoft Excel 可以执行计算,分析信息并管理电子表格或网页中的数据信息列表与数据资料图表制作,可以实现许多功能,带给使用者方便。

选择 Microsoft Excel 作为数据库平台主要是因为工程人员对它熟悉,操作简便、功能强大。

2. 软件平台（Python）

Python 是一种面向对象的解释型计算机程序设计语言,由荷兰人 Guido van Rossum 于 1989 年发明,第一个公开发行版发行于 1991 年。

Python 是纯粹的自由软件, 源代码和解释器 CPython 遵循 GPL（GNU General Public License）协议。

Python 语法简洁清晰,特色之一是强制用空白符（white space）作为语句缩进。

Python 具有丰富和强大的库。它常被称为胶水语言,能够把用其他语言制作的各种模块（尤其是 C/C++）很轻松地联结在一起。常见的一种应用情形是,使用 Python 快速生成程序的原型（有时甚至是程序的最终界面）,然后对其中有特别要求的部分,用更合适的语言改写,比如 3D 游戏中的图形渲染模块,性能要求特别高,就可以用 C/C++重写,而后封装为 Python 可以调用的扩展类库。需要注意的是,在使用扩展类库时可能需要考虑平台问题,某些可能不提供跨平台的实现。

6.2.2.3　软件介绍

1.运行环境

硬件设备:微机(联想奔三和同等及以上配置的其他机型)。

支持软件:数据库(Microsoft Excel 2003 及以上版本)。

　　　　　　开发工具(Python 3.6.0)。

2.软件界面

本系统界面操作简单,主要有标准按钮及经纬度输入框。河南省混凝土集料碱活性查询系统如图 6-3 所示。

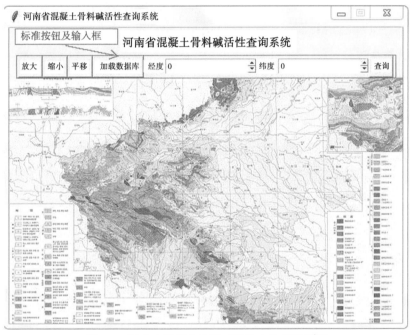

图 6-3　河南省混凝土集料碱活性查询系统界面

其中:

(1)按钮"放大""缩小""平移"是对操作界面的操作;

(2)"加载数据库"按钮:点击按钮,将 Excel 编辑的数据库加载进软件中;

(3)经纬度输入框:将查询地点的经纬度输入,经纬度格式为"××.××××、××.××××";

(4)"查询":查询结果以消息框弹出。

数据库平台是 Microsoft Excel,数据文件名后缀为:∗.xls 或 ∗.xlsx,数据库数据格式如图 6-4 所示。

	A	B	C	D	E
1	取样地点	纬度	经度	岩性	碱活性
2					
3	燕山水库	33.41738889	113.3215733	灰岩	无
4	郏县众合石料场	34.02477778	113.1955833	白云岩	无

图 6-4　数据库数据格式

各列数据意义见标题栏。

3.软件操作流程

软件操作流程如图 6-5 所示。

图 6-5　软件操作流程

1）新建数据库

按照上面的格式在 Excel 中建立数据库,保存,关闭。

2）加载数据库

新建数据库后,单击加载数据库按钮,弹出对话框如图 6-6 所示。

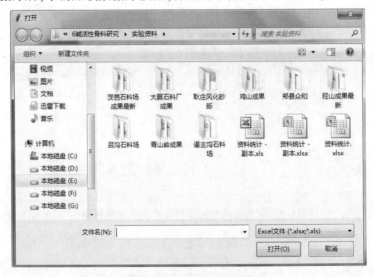

图 6-6　数据库加载界面

单击所需要的数据库文件,点击打开,即完成数据库的加载。

3）输入经纬度坐标

在输入框中输入查询地点的经纬度坐标,经纬度格式是"××.××××、××××.××××"。

4）查询

单击"查询",软件会对数据库中的数据进行查询,查询结果以消息框弹出。若查询地点附近无资料,则如图 6-7 所示。

图 6-7　数据库查询结果——查询位置附近无资料

若查询位置附近有资料则如图 6-8 所示。

图 6-8　数据库查询结果——查询位置附近有资料

5)退出

单击右上角的关闭按钮,退出河南省混凝土集料碱活性查询系统。

6.3　工程应用

6.3.1　南水北调中线

南水北调工程是迄今为止世界上最大的水利工程,是优化我国水资源配置的重大战略性基础设施。通过兴建南水北调工程,实现东、中、西三条调水线路与长江、淮河、黄河和海河四大江河的联系,构成"四横三纵"的中国大水网总体布局,实现水资源南北调配、东西互济,十分有利于在更广范围内进行水资源优化配置。工程建成后总调水 448 亿 m^3,对缓解我国北方地区水资源短缺局面、改善生态环境、提高人民群众生活水平、增强综合国力,都具有十分重大的意义。

2014 年 12 月 12 日,南水北调中线工程全线正式通水。截至 2016 年底,累计通水 60.9 亿 m^3,实现供水效益 65.15 亿元,惠及京津冀豫沿线 4 200 多万居民。

作者自 2004 年对南水北调中线河南渠段沿线料场的碱活性进行研究,共对 81 个料场的 424 组样品的碱活性进行了试验,顺利保障了沙河南—羑河北段长约 470 km 渠段及沿线 70 多座建筑物的混凝土集料的安全应用,为设计优化提供了技术支持,缩短了决策工期,保障了南水北调中线的顺利通水和安全运行。

6.3.2　燕山水库

燕山水库自 2008 年 4 月主体工程建成以来,历经多次高水位,根据坝基、坝体以及泄水、输水建筑物各项监测成果,目前水库各项指标均处在正常范围内,主体工程运行良好。根据验收资料,当年截流后产生直接防洪效益约 7 亿元。作者对燕山水库 6 个料场的集料碱活性进行了研究,排除了具有碱活性集料的料场,为大坝主体以及附属建筑物多座建筑物的混凝土集料的安全应用及设计优化提供了技术支持。

6.3.3　出山店水库

出山店水库为淮河上游干流上规划的大型水库,出山店以上河流长度 124 km,控制流域面积 2 900 km^2,多年平均流量 35.2 m^3/s,多年平均年径流 11.1 亿 m^3,多年平均悬移质年输沙量 73.1 万 t。出山店水库校核洪水位 98.25 m,相应总库容 12.74 亿 m^3,设计洪水位 95.90 m,正常蓄水位 88.0 m;土坝段设计型式为黏土芯墙砂壳坝,设计坝顶高程 100.50 m,最大坝高约 26.5 m,坝顶长度 3 274 m。溢流坝段型式为混凝土重力坝,设计堰顶高程 84.00 m,闸顶高程 100.50 m,最大坝高 35.5 m,坝顶长度 365 m。主坝两端共设副坝 3 座。该水库以防洪、灌溉为主,兼顾发电、养殖、旅游、工业及生活供水等,是一座综合利用的大(1)型水利枢纽工程。

出山店水库工程主要建筑物包括主坝、副坝、溢洪道、泄洪洞、输水洞、电站等。土坝段设计型式为黏土芯墙砂壳坝,溢流坝段型式为混凝土重力坝,主坝两端共设副坝 3 座。建筑物混凝土工程需求量大。由河南省水利勘测有限公司完成的"混凝土集料的碱活性研究与应用"项目,系统、全面地对出山店水库料场的碱活性进行了研究。该研究成果测试试验手段全面,研究方法先进、合理,资料翔实,数据、结论可靠,为工程料场的选择决策提供了科学依据,节省了试验时间和试验经费,社会、经济效益显著。

6.3.4　前坪水库

前坪水库位于淮河流域沙颍河支流北汝河上游,河南省洛阳市汝阳县城以西 9 km 的前坪村附近。前坪水库是以防洪为主,兼顾灌溉、供水结合发电的大型水库,水库总库容 5.33 亿 m³,最大坝高 81.80 m。水库规模为大(2)型,工程等别为Ⅱ等。主坝跨河布置,总长 749 m,坝顶高程 420.60 m,设计方案比选之一为碾压混凝土坝,且溢洪道、输水洞等建筑物混凝土工程量较大。

前坪水库也是提高沙颍河干流防洪标准的关键工程,建成后可使北汝河防洪标准由现在的不足 10 年一遇提高到 20 年一遇,同时配合已建昭平台水库、白龟山水库、燕山水库、孤石滩水库和规划兴建的下汤水库及泥河洼滞洪区共同运用,可控制漯河下泄流量不超过 3 000 m³/s,结合漯河以下治理工程,可将沙颍河防洪标准由现有的 10~20 年一遇提高到 50 年一遇。由河南省水利勘测有限公司完成的"混凝土集料的碱活性研究与应用"项目,系统、全面地对前坪水库料场的碱活性进行了研究,该研究成果测试试验手段全面,研究方法先进、合理,资料翔实,数据、结论可靠,为工程料场的选择、决策提供了科学依据,节省了试验时间和试验经费,社会、经济效益显著,对今后其他工程的类似研究具有指导、借鉴意义。

参 考 文 献

［1］ Stanton T E. Influence of cement and aggregate on concrete expansion［J］. Engineering News－Record. 124. 5. February1. 1940:59.

［2］ Stanton T E. Expansion of concrete through reaction between cement and aggregate, proceedings［M］. American Society of Civil Engineers Transactions,1940.

［3］ 唐明述. 碱集料反应破坏的典型事例[J]. 中国建材,2000(5):57-60.

［4］ Prin D,Brouxel N. Alkali-Aggregate reaction in Northern France:a review［C］//Proceedings of the 9ᵗʰ International Conference on Alkali-Aggregate Reaction in Concrete. The Concrete Society,1992.

［5］ Cancold,Uscold. Second International Conference on Alkali-Aggregate Reactions in Hydroelectric Plants and Dams［C］//Committee on Large Dams.Denrer Co,1995,10.

［6］ Silveira J F A. The opening of expansion joints at the Moxoto powerhouse to counteract the alkali-silica re-action［C］//Proceedings of 8ᵗʰ International Conferenceon Alkali-Aggregate Reaction.Kyoto,Japan,1989.

［7］ 唐明述. 世界各国碱集料反应概况[J]. 水泥工程,1999(4):1-6.

［8］ 李金玉. 中国大坝混凝土中的碱骨料反应[J]. 水力发电. 2005(1):34-37.

［9］ 唐明述,许仲梓,邓敏,等. 我国混凝土中的碱集料反应[J]. 建筑材料学报,1998,1(1):8-14.

［10］ 钱春香,韩苏芬,吕亿农,等. 北京地区混凝土集料的碱活性与碱集料反应[J]. 水泥,1990(8):7.

［11］ 杨华全,李鹏翔,李珍. 混凝土碱骨料反应[M]. 中国水利水电出版社,2010.

［12］ Grattan-Bellew P E. Alkali-silica reaction——Canadian experience［M］. In:Swamy R N. The Alkali Sili-ca Reaction in Concrete,1992.

［13］ Grattan-Bellew P E. Canada experience of alkali-expansivity in Conerete［C］//Proceeding of 5ᵗʰ International Conference on Alkali-Aggregate Reaction in concrete.S252/6,Cape Town South Africa.

［14］ 唐明述. 关于碱-集料反应的几个理论问题[J]. 硅酸盐学报,1990(4):365-373.

［15］ 唐明述. 从国外碱—集料反应的现状建议我国应采取的对策和研究方向[J]. 硅酸盐学报,1992(1):29-34.

［16］ Berube M A,Duchesne J,Dorion J F,et al. Laboratory assessment of alkali contribution by aggregates to concrete and application to concrete structures affected by alkali-silica reactivity［J］. Cement and Concrete Research,2002,32(8):1215-1228.

［17］ RILEM Recommended test method AAR-2(formerly TC-106-2). Detection of potential alkali-reactivity of aggregates:a-theultra-accelerated mortar-bar test［S］. Materials&Structures,2000,33(229):283-289.

［18］ RILEM Recommended test method AAR-3 (formerly TC-106-3). Detection of potential alkali-reactivity of aggregates:b-method for aggregate combinations using concrete prisms［S］. Materials&Structures,2000,33(229):290-293.

［19］ 卢都友. 国际混凝土碱集料反应研究动态[J]. 混凝土,2009,(1):57-61.

［20］ 田培,王玲,姚燕,等. 碱—集料反应破坏的特征[C]//重点工程混凝土耐久性的研究与工程应用. 中国建材工业出版社,2001.

［21］ Swenson E G. A reactive aggregate undetected by ASTM tests,Bulletin,No 226［R］. Philadelphia:American Society for Testing and Materials,1957.

［22］ Gillott J E,Duncan M A G,Swenson E G. Alkali-aggregate reaction in Nova Scotia,IV,character of reac-tion［J］. Cement and Concrete Research ,1973,3(4):521-535.

[23] Tang Mingshu. Classification of Alkali-aggregate reaction[C]//Proc.9th International Conference on Alkali-Aggregate reaction in Concrete. London.1992:648-653.

[24] ASTM C1260—94 Stand test method for Potential alkali reactivity of aggregates[S] Annual Book of ASTM Standards, Vol. 04. 02

[25] ASTM C227—81 Stand test method for potential alkali reactivity of cement-aggregate combination(Mortar-bar method)[S].Annual Book of ASTM Standars,Vol.04.02.

[26] CSA A23. 2-14A.Alkali-aggregate reaction(concrete prism test)[S].Methods of test for concrete.SCA. 1997

[27] Brandt M P,et al.A conlfibution to the determination of the potential alkali-reactivity of tygerberg formation aggregates [C]//Proc. 5th "International Conference Alkali-Aggregate Reaction inconcrete. Cape Town,30 Mar.-3 Apl 1981,p252.

[28] Hobbs D W. Alkali-silica reaction in concrete[J].Thomas Telford Ltd,London,1988,p150.

[29] ASTM C1105—89 Stand test method for length change of concrete due to alkali-carbonate rock reaction [S].Annual Book of ASTM Standards,Vol.04.02.

[30] ASTM C586—69 Stand test method for potential alkali reactivity of carbonate rocks for concrete aggregate (rock cylinder method)[S].Annual Book of ASTM Standards,Vol.04.02.

[31] Chatterji S.An accelerated method for the detection of alkali-aggregate reactivities of aggregates[J].Cement and Concrcte Research,1978,8(5):647-649.

[32] Oberholster R E, Davies G. An accelerated method for testing the potential reactivity of siliceous aggregates[J].Cement and Concrete Research,1986,647−649.16(2):181−189.

[33] Oberholster R E.Alkali reaction of siliceous rock aggregates diagnosis of the reaction,Testing of cement and aggregate and prescription of preventative measures[C]//Proc.6th International Conference on Alkali in concrete.Copenhagen,22-25 June 1983(edited by Idorn G M and Rostam S),Damsh Concrcte Association,1983:419-433.

[34] Ybshioka Y,Kasami H,Ohno S,et al.Study on a rapid test method for evaluating the reactivity of aggregates[C]//Proc.7th International Conference on Alkali-Aggregate Reaction,Concrete alkali-aggregate reactions.Editor P E Grattan-Bellew,USA 1987:314-318.

[35] ASTM C1260—95 Stand test method for potential alkali reactivity of aggregates(Mortar-Bar Method) [S].Annual Book of ASTM Standards,Vol.04.02.

[36] Tang Mingshu,Han Sufen,Zhen Shihua.A rapid method for identification of alkali reactivity of aggregate [J].Cement and Concrete Research,1983,13(3):417-422.

[37] 韩苏芬,唐明述. 高温、高压、高碱下的碱集料反应[J]. 南京化工学院学报,1984(2):1-10.

[38] Nishibayashi S,Yamara K, Matsushita H. A rapid method of detemining the alkali-aggregate reaction in concrete by autoclave[C]//Proc.7th International Conference on Alkali-Aggregate Reaction,Concrete alkali-aggregate reactions.Editor P E Grattan-Bellew,USA 1987:299-303.

[39] Tamura H.A test method on rapid identification of alkali-reactivity aggregate (GBRC RapidMethod) [C]//Proc.7th International Conference on Alkali-Aggregate Reaction,Concrete alkali-aggregate reactions,Editor P E Grattan-Bellew,USA 1987:304-308.

[40] ASTM C289—81 Stand test method for potential alkali reactivity of aggregates(Chemical Method)[S]. Annual Book of ASTM Standards,Vol.04.02.

[41] Gfatten,Bellew P E.Test method and criteria for evaluating the potential reactivity of aggregates[C]// Proc.8th International Conference on Alkali-Aggregate Reaction.Kyoto,1989:279-294.

［42］ Knudsen I.A continuous quick chemical method for the characterization of the alkali-silica reactivity of aggregate［C］//Proc.7th International Conference on Alkali-Aggregate Reaction,Concrete alkali-aggregate reactions.Editor P E Grattan-Bellew,USA 1987:289-293.

［43］ Stark D. Osmotic cell test to identify potential for alkali-aggregate reactivity［C］//Proc.7th International Conference on Alkali in concrete,Copenhagen.22-25 June 1983(edited by Lodorn GM,and Rostam S), Danish Concrete Association,1983:351-357.

［44］ Hobbs D W. Alkali-silica reaction in concrete［M］.Thonlas Telford Ltd.1988.

［45］ ASTM C295—85 Standard practice for petrographic examination of aggregate for concrete［S］.Annual Book of ASTM Standards,Vol.04.02.

［46］ 钱春香,唐明述. 国外预防混凝土碱集料反应的方法和有关规范的介绍——兼论我国有关规范中存在的问题［J］. 工程建设标准与定额,1991(1):33-38.

［47］ Bryant Mather.How to make concrete that will not Suffer deleterious alkali-silica reaction［J］.Cement and Concrete Research,1999(29):417-422.

［48］ Momca Prezzi,Paulo J M,Monteiro,et al.The alkali-silica reaction,Part 1:Use of the double-layertheoryto explain the behavior of reaction-product gels［J］.ACI Materials Journal,1997,94(1):10-17.

［49］ 唐明述.碱硅酸反应与碱碳酸盐反应［J］. 中国工程科学,2000:2(1):34-40.

［50］ Dolar-Mantuani L M M. Undulatory extinction in qartzused for identifying potentially reactive rocks［C］// Proc. of 5th International Conference on Alkali-Aggregate Reaction in Concrete.Paper No . S252/36, 6pp. Pretoria ,S. Africa:National Building Research Institute of CSIR, 1981.

［51］ Grattan-Bellew P E. Is high undulatory extinction in quartz inductive of alkali-expansivity of granitic aggregates［C］//Proc. of the 7th International Conferenceon concrete alkali-aggregate reactions. Ottawa, Canada:Noyes Publication,1986:434-438.

［52］ Andersen K T,Thaulow N. The application of undulatory extinction angles (UEA) as an indicator of alkali-silica reactivity of concrete aggregates［C］//Proc. of the 8th International Conference on Alkali-Aggregate Reaction. Kyoto,Japan,1989:489-494.

［53］ Zhang X, Blackw ell B Q,Grove G W.The microstructure of reactive aggregates［J］.Br.Ceram.Trans.J, 1990,89:89-92.

［54］ Sherwood W C,Newlon H H.Studies on the mechanisms of alkali-carbonate reaction［J］.Highway Research Record,1964(45):41-46.

［55］ Tang M S,Liu Z , Han S F. Mechanism of alkali-carbonate reaction［C］//The 7th International Conference on Alkali-Aggregate Reaction,Concrete alkali-aggregate reactions.Editor P E Grattan-Bellew,USA, 1987:275-279.

［56］ Tang M S,Liu Y N,Han S F. Kinetics of alkali-carbonate reaction［C］//The 7th International Conference on Alkali-Aggregate Reaction.NewYork,1989:147-152.

［57］ Tang M S,Liu Z,Lu Y N,et al. Alkali-carbonate reaction and pH value［J］.Ilcemento,1991,88(3):141-150.

［58］ Gillott J E.Mechanism kinetics of expansion in the alkali-carbonate rock reaction［J］.Canadian Journal of Earth Sciences,1964(1):121-145.

［59］ Gilion J E.Mechanism of the alkali-carbonate rock reaction［J］.Q.J.Eng.Geol.Nm,1969,2(1):7-23.

［60］ Gillott J E.Study of the fabric of fine-grained sediments with the scanning electron microscopy［J］.Jour. Sedi.Petro.1969,39(1):90-105.

［61］ Hadly D W. Alkali-reactivity of carbonate rocks-expansion and dedolomitization［J］.Highway Research

Board Proceeding,1961(40):463-474.

[62] Hadly D W. Alkali reactivity of dolomific carbonate rocks.Symp.on alkali-carbonate rock reactions[J]. Hwy.Res.Rec.,1964(45):1-20.

[63] Gillott J E. Mechanism and kinetics of expansion in the alkali-carbonate rock reaction[J]. Canadian Journal of Earth Science,1964,1(2):121-145.

[64] 钱光人. 碳酸盐岩的岩相特征和地质特征与碱碳酸盐反应[D]. 南京:南京化工大学,1998.

[65] 王玉江. 集料碱析出及其对碱—集料反应的影响[D]. 南京:南京工业大学,2006.

[66] Nixon P J,Page C L. Pore solution chemistry and alkali-aggregate reaction[C]//K and B matyer int. conf. on concrete durability proceeding. 1987,ACI SP 100-94.

[67] Berra M,et al. Effect of fly ash on alkali-silica reaction[C]//Proceeding of 10th International Conference on AAR in Concrete. Melbourne, Australia, 1996:61-71.

[68] Donald F B,Peter J J. Release of alkalis from pulverized fuel ashes and ground granulated blast furnace slags in the presence of portland cements[J]. Cement and Concrete Research,1988,18(2): 235-248.

[69] Tang Mingshu,et al. The preventive effect of mineral admixture on alkali-silica reaction and its mechanism[J]. Cement and Concrete Research,1983,13(2):171-176.

[70] British Research Establishment. Digest 330. Part2: Alkali Silica Reaction in Concrete [R]. Detailed Guideline for New Construction,1997(6).

[71] Swamy R N. Assessment and rehabilitation of AAR effected structures[C]//Proc.of the 10th International Conference on Alkali-Aggregate Reaction in Concrete. Melbourne:Shayan A ,1996: 68-83.

[72] 林海燕,阳勇福,王玉江,等. 骨料粒径与 ASR 膨胀关系及膨胀预测研究进展[J]. 硅酸盐通报, 2013,32(5):120-124.

[73] Ramyar K,Topal A,Andic O.Effects of aggregate size and angularity on alkali-silica reaction[J].Cement and Concrete Research,2005, 35(11):2165-2169.

[74] 洪翠玲,卢都友.颗粒尺寸对砂岩集料压蒸膨胀行为的影响[J].南京工业大学学报,2007,29(4): 15-20.

[75] Stéphane Multon,Martin Cyr,Alain Sellier,et al.Effects of aggregate size and alkali content on ASR expansion[J].Cement and Concrete Research,2010,40(4):506-516.

[76] Cyrille F,Dunant Karen L,Scrivener.Effects of aggregate size on alkali-silica-reaction induced expansion [J].Cement and Concrete Research,2012,42(6):745-715.

[77] Chengzhi Zhang,Aiqin Wang,Mingshu Tang,et al.Influence of aggregate size and aggregate size grading on ASR expansion[J].Cement and Concrete Research,1999,29(9):1393-1396.

[78] 卢都友,许仲梓,唐明述.不同结构构造硅质集料的碱硅酸反应模型[J].硅酸盐学报, 2002,30(2): 149-154.

[79] Sarka Lukschova, Richard Prikryl, Zdenek Pertold. Petrographic identification of alkali-silica reactive aggregates in concrete from 20th century bridges[J].Construction and Building Materials,2009,23(2): 734-741.

[80] 周麒雯,杨轶.骨料中活性组分的含量以及粒径对 ASR 膨胀的影响[J].水电站设计,2008,24(3): 46-49.

[81] 庄园,钱春香,徐文.温度和集料对混凝土 ASR 有效碱的影响规律[J].建筑材料学报,2012,15(2): 184-189.

[82] Goguel R. Alkali release by volcanic aggregates in concrete[J]. Cement and Concrete Research,1995,25 (4):841-852.

[83] Hewlett P C. Lea´s chemistry of cement&concrete[M]. Fourth Edition. London：Arnold，1998.

[84] Proceedings of the 13th international conference on alkali aggregate reaction[C].Editors：Maarten A.T.M Broekemans，Borge J.Wi jum，Trondheim，Norway，2008.

[85] Technical visit guide of the 13th international conference on alkali aggregate reaction[C].Editor：Borge J. Wi jum，Norway，2008.

[86] Pre-conference tour guide[C]. Per Hagelia，Norway，2008.

[87] CECS48：93 砂、石碱活性快速试验方法[S].

[88] GB/T 14684—2011 建设用砂[S].

[89] GB/T 14685—2011 建筑用卵石、碎石[S].

[90] JGJ 52—2006 普通混凝土用砂、石质量及检验方法标准 [S].

[91] SL 352—2006 水工混凝土试验规程[S].

[92] SL 251—2015 水利水电工程天然建筑材料勘察规程[S].

[93] DL/T 5151—2014 水工混凝土砂石骨料试验规程[S].

[94] TB/T 2922.1—1998 铁路混凝土用骨料碱活性试验方法　岩相法[S].

[95] TB/T 2922.2—1998 铁路混凝土用骨料碱活性试验方法　化学法[S].

[96] TB/T 2922.3—1998 铁路混凝土用骨料碱活性试验方法　砂浆棒法[S].

[97] TB/T 2922.4—1998 铁路混凝土用骨料碱活性试验方法　岩石柱法[S].

[98] TB/T 2922.5—2002 铁路混凝土用骨料碱活性试验方法　快速砂浆棒法[S].

[99] 中华人民共和国铁道部. TB 10084—2007 铁路天然建筑材料工程地质勘察规程[S]. 北京：中国 铁道出版社，2007.

[100] 河南省地质矿产局. 河南省区域地质志[M]. 北京：地质出版社，1989.

[101] 刘印环，王建平，张海清，等. 河南的寒武系与奥陶系[M]. 北京：地质出版社，1991.

[102] 裴放，王建平，王世炎，等. 河南省中寒武世岩相古地理[J]. 古地理学报，2012，14(04)：423-436.

[103] 阎国顺，张恩惠，王德有. 河南省华北型早寒武世沉积环境演化及其痕迹化石组合[J]. 沉积与 特提斯地质，1993(3)：18-32.

[104] 赵甜. 河南省华北地台晚古生代碳酸盐岩沉积相及古地理特征分析[D]. 北京：中国地质大学， 2010.

[105] 刘崇熙，文梓芸. 坝工混凝土专论——混凝土碱骨料反应[M]. 广州：华南理工大学出版社， 1995.

[106] 巴布什金. 硅酸盐热力学[M]. 蒲心诚，等，译. 北京：中国建筑工业出版社，1983.

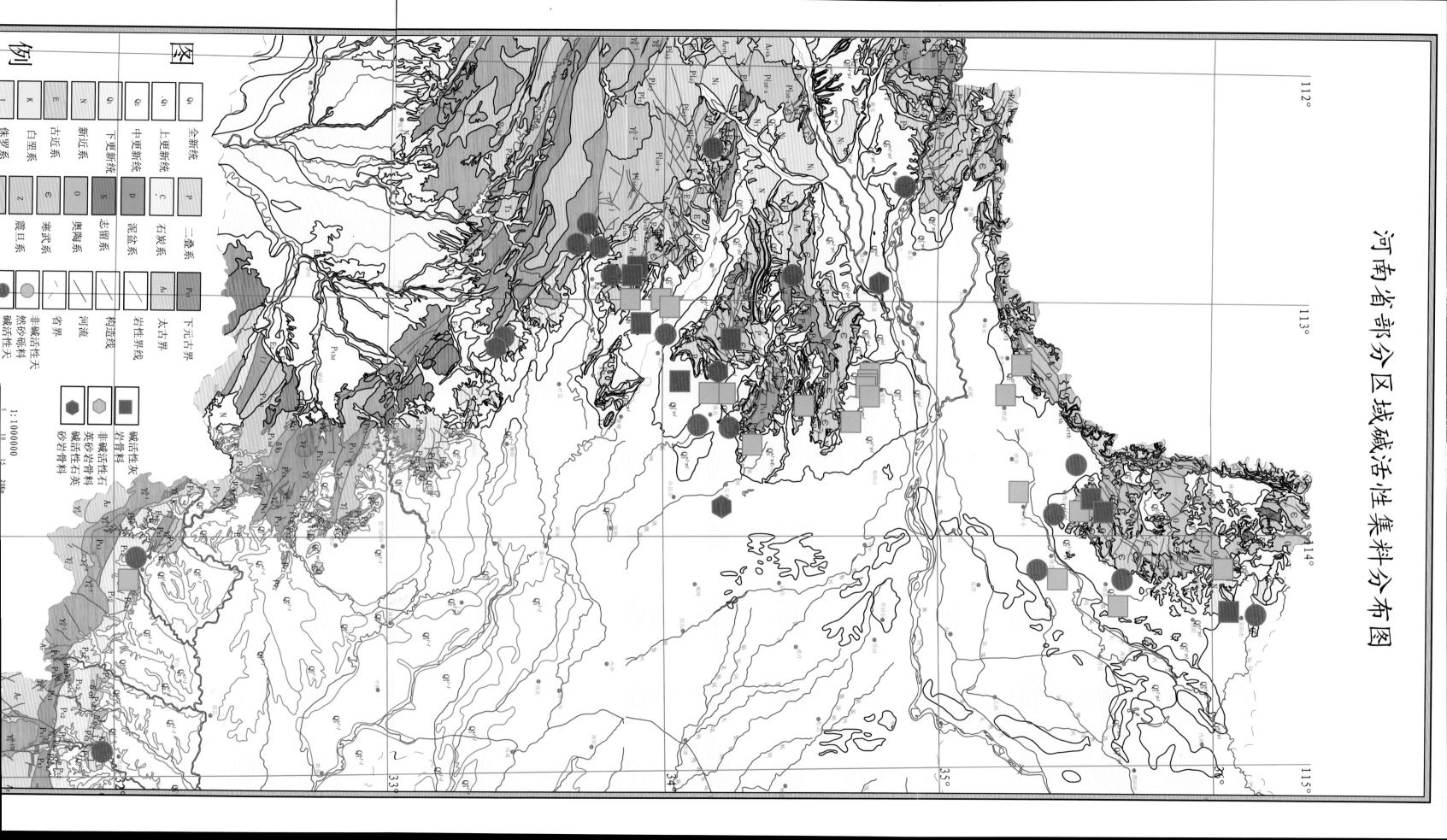

河南省部分区域碱活性集料分布图